光と光の記録

[光編その2]―光の属性・干渉・回折

安藤 幸司

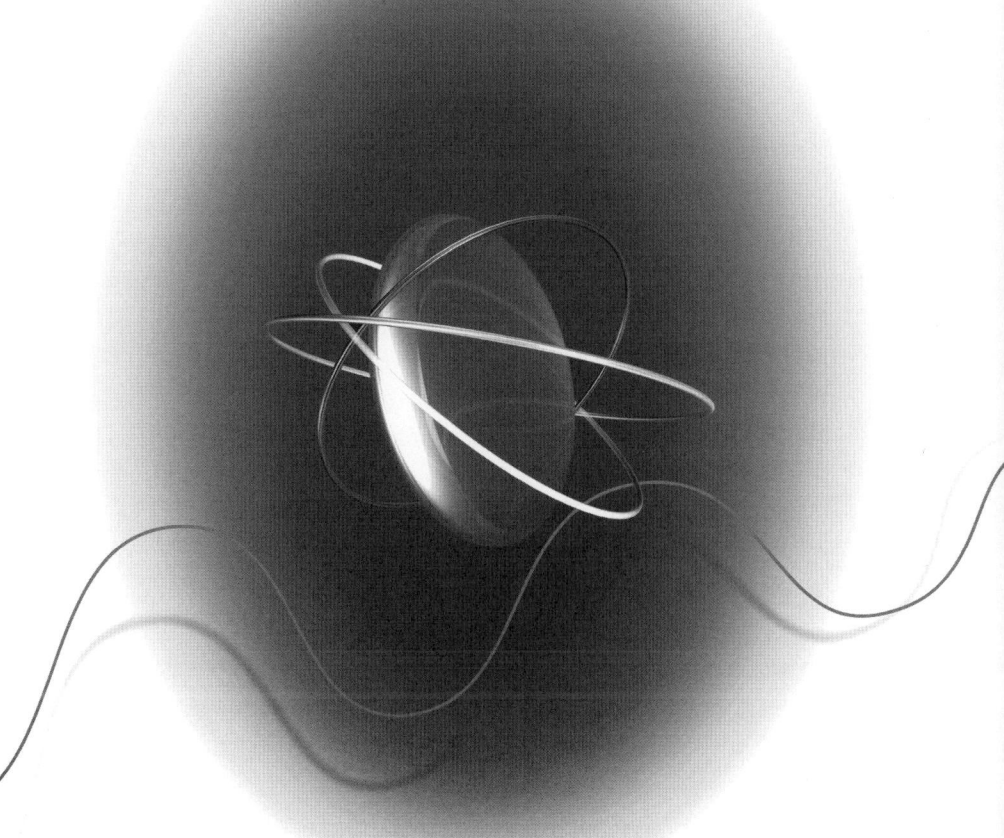

産業開発機構株式会社

●●● 光と光の記録［光編その2］― 光の属性・干渉・回折

■ まえがき

　このたび、「光と光の記録−光編その2」の単行本を発行する幸せに恵まれた。発行にあたり、産業開発機構（株）映像情報インダストリアル編集部のスタッフと関連各位に深く感謝したい。そして何よりも、本編を受け入れてくださる読者に心より感謝する次第である。

　本単行本は、「光と光の記録−光編」の続編である。第一巻は、2003年12月に刊行された。3年半の歳月を経て続編を出すに至った。第一巻は、光を量として捉える考え方と、光源の種類、それに新しい光であるレーザについて触れた。本編（第二巻）では、光の属性についてまとめている。光を科学的に捉えた場合、光にはどのような性質があるのか、そうした性質はどのような歴史的背景から生まれて来たのかをできるだけ分かりやすく解説したつもりである。

　筆者は、光を専門に研究する立場ではなく、光を扱う立場で生きてきた。この生き方が本編に反映され、「光」の観る観点を一般の学術書とは違った切り口にさせている。筆者自身「光」については生来それほど得意な分野ではなかった。小学校時代から好きな学科は理科であり、特にオートバイや車、重機などの動くものにとても強い興味を覚えていた。中学、高校を通じて力学や熱、音は好きな対象となったが、光学はほとんど興味を覚えなかった。光には目先のダイナミズムがなく、中学で習う光の実験は静的で興味の扉を開けるまでに至らなかった。しかし、父親から一眼レフレックスカメラを与えられてから、レンズの魅力に惹かれるようになり光学に対する接点ができた。社会人になって光学機器に従事するようになり、「光」に造詣を深めていった。これは、第一巻の巻頭に書いたとおりである。したがって、本書は、機械いじりが好きなエンジニアが光を理解してもらうのにうってつけだと考えている。もちろん機械いじりが好きでなくても、数式があまり得意でない人や歴史的な書物が好きな人、それにマネージメントに従事する人にも読み物として受け入れてもらえると思っている。

　光は、物理学では基本的な量になりつつある。「長さ」も「重量」も、そして「時間」までもが「光」を用いて定義されようとしている。そうした光の本質が、歴史的にどのように発見されていったのかを本書で理解していただけたらと考えている。

　筆者の光の素朴な疑問がこのような形で単行本としてまとめられ、光産業界を担う人たちに微力ながらも一助となっているのは、自身の活動に対する大きな活力の源となっている。この書を通じて、「光」がよりいっそう身近なものになり、光学機器に深い造詣が生まれれば筆者の仕合わせとするところである。

安藤　幸司

第6章　ヒトの眼と光

6.1	人間の視覚認識との相似性	2
6.2	レンズとしてのヒトの眼	3
6.3	ヒトの眼のレンズ焦点距離	4
6.4	ヒトの眼の感度	7
6.5	色	8
6.6	目の反応時間	10
6.7	網膜細胞―解像力	11

第7章　色の規格化

7.1	三原色（THREE PRIMARY COLORS）	14
7.2	波長	15
7.3	色度図（CHROMATICITY DIAGRAM）	16
7.4	色相（HUE）、彩度（CHROMA）、明度（VALUE）	17
7.4.1	色相（HUE）	19
7.4.2	明度（VALUE）	19
7.4.3	彩度（CHROMA）	19
7.5	色温度（COLOR TEMPERATURE）	21

第8章　自然界の光の性質

8.1	自然現象に見る光の性質	24
8.2	光の直進	24
8.2.1	コロンブスと月食	25
8.2.2	ブラックホール	27

8.2.3	点光源	27
8.2.4	直進性の強いレーザ光	28
8.3	光速と長さ	29
8.3.1	長さの基準としての光	29
8.3.2	光以前の長さの標準——メートル原器	30
8.3.3	1960年——光の2大出来事	31
8.3.4	光速実験——ガリレオの実験	31
8.3.5	光速実験——レーマーの実験	31
8.3.6	光速実験——フィゾーの実験	32
8.3.7	光速実験——フーコーの実験	33
8.3.8	光速実験——マイケルソンの実験	33
8.3.9	現在の1メートル	35
8.3.10	光の直進を利用した幾何光学	36
8.4	光の反射	36
8.4.1	通り抜ける光、捕捉される光	38
8.4.2	原子（分子）と光	38
8.4.3	光と電子	39
8.4.4	炭素	41
8.4.5	エネルギーギャップ	42
8.4.6	鏡	43
8.4.6.1	保護膜	44
8.4.7	反射板	45
8.4.7.1	再帰性反射（RETROREFLECTION）	46
8.4.7.2	スコッチライト	46
8.4.8	光の反射率	47
8.5	光の屈折（LIGHT REFRACTION）	49
8.5.1	虹（RAINBOW）	50
8.5.2	ハロー現象——日暈（ひがさ）、月暈（つきがさ）halo	53
8.5.3	蜃気楼、逃げ水（MIRAGE）	53
8.5.4	屈折の意味するもの——なぜ光は曲がるのか？	54
8.5.5	光の速度が変わる理由——電磁波	57

8.5.6	屈折率（REFRACTIVE INDEX）	59
8.5.7	スネルの法則（SNELL'S LAW）	62
8.5.8	光路可逆の原理（PRINCIPLE OF RAY REVERSIBILITY）	64
8.5.9	フェルマーの原理（FERMAR'S PRINCIPLE）	64
8.5.10	全反射（TOTAL REFLECTION）	64
8.5.11	屈折のたまもの―レンズ	65
8.6	偏光（POLARIZATION）	66
8.6.1	ポラロイド（POLAROID）の発明―ランド博士	68
8.6.2	偏光発見の歴史	69
8.6.3	方解石（CALCITE）による複屈折現象	69
8.6.4	反射偏光の発見	70
8.6.5	ブリュースター（SIR DAVID BREWSTER：1781〜1868）	73
8.6.6	ブリュースターの法則（BREWSTER'S LAW）	73
8.6.7	フレネル（AUGUSTIN JEAN FRESNEL：1788〜1827）	74
8.6.8	直線偏光、円偏光、楕円偏光 （LINEAR POLARIZATION, CIRCULAR POLARIZATION, ELLIPTICAL POLARIZATION）	75
8.6.9	1/4波長板（QUARTER WAVE PLATE）	76
8.6.10	CDのピックアップ光学系	77
8.7	光の干渉（INTERFERENCE）	79
8.7.1	メガネの反射防止膜（AR（＝ANTI REFLECTIVE）COATING）	80
8.7.2	薄膜による光の干渉の考え方	80
8.7.3	ニュートンの薄膜研究（THIN LAYER）	83
8.7.4	レンズコーティング（LENS COATING）	83
8.7.5	干渉フィルタ（INTERFERENCE FILTER, BANDPASS FILTER）	87
8.7.6	金属干渉フィルタ、非金属（誘電体）干渉フィルタ	88
8.7.7	ダイクロイックミラー	90
8.7.8	コールドミラー・コールドフィルタ	91
8.7.9	薄膜技術のまとめ（THIN LAYERS TECHNOLOGY）	92
8.7.10	干渉と回折の祖―トーマス・ヤング（THOMAS YOUNG、1773-1829）	93
8.7.11	モアレ干渉（MOIRE PATTERN INTERFERENCE）	95
8.7.12	ペリクルミラー（PELLICLE MIRROR）	96

8.8	光の吸収 (ABSORPTION)	97
8.8.1	透明物体、白色体、黒色体	97
8.8.2	カラーフィルタ (COLOR FILTER)	98
8.8.3	ゼラチンフィルタ (GELATIN FILTER)	99
8.9	光の散乱 (SCATTERING：レーリー散乱とミー散乱)	100
8.9.1	レーリー散乱 (RAYLEIGH SCATTERING)	102
8.9.2	レーリー卿 (3RD BARON RAYLEIGH, JOHN WILLIAM STRUTT：1842〜1919)	104
8.9.3	レーリーの回折限界	105
8.9.4	チンダルとチンダル現象 (JOHN TYNDALL)	106
8.9.5	ミー (MIE) とミー散乱	107
8.9.6	ミー (GUSTAV MIE：1868〜1957)	108
8.9.7	紫煙、白煙、黒煙 (SMOKE)	109
8.9.8	青い瞳 (BLUE EYES)	110
8.9.9	見える粒子、見えない粒子 (INVISIBLE PARTICLES)	111
8.9.10	ブラック散乱 (BRAGG SCATTERING)	113
8.9.11	ブラッグ親子 (英国SIR. WILLIAM HENRY BRAGG：1862〜1942) (息子WILLIAM LAWRENCE BRAGG：1890〜1971)	114
8.9.12	ブラッグの法則	115
8.10	光の回折 (DIFFRACTION)	116
8.10.1	ヤングの回折・干渉実験	119
8.10.2	レンズの分解能 (RESOLVING POWER)	121
8.10.3	結像ボケ研究の先駆エアリー (SIR GEORGE BIDDELL AIRY)	126
8.10.4	光の分光—回折格子の原理 (PRINCIPLE OF GRATING FUNCTION)	127
8.10.5	CDに見られる回折現象	128
8.10.6	回折格子の溝	130
8.10.7	回折格子を使ったレンズ職人 フラウンホーファー (JOSEPH VON FRAUNHOFER：1787〜1826)	130
8.10.8	回折の考え方	133
8.10.9	回折格子 (DIFFRACTION GRATING)	136

8.10.10　ボシュロム社（BAUSCH & LOMB） 138
8.10.11　ブレーズ格子（BLAZED GRATING） 138
8.10.12　回折光の現れ方—理論的な説明 140
8.10.13　グレーティングの形状（KIND OF GRATINGS） 143
8.10.14　プリズムによる分光と回折格子による分光 145
8.10.15　分光器の基本配置（PRINCIPLE OF SPECTROMETER） 147
8.10.15.1　ローランド（ROWLAND）式分光器 147
8.10.15.2　ツェルニー・ターナー（CZERNY-TURNER）式分光器 148
8.10.16　分光器の計測精度 152

第9章　索引

英数 156
カナ 158

●●● 光と光の記録 [光編その2] ― 光の属性・干渉・回折

第6章

 ヒトの眼と光

●●● 光と光の記録［光編その2］— 光の属性・干渉・回折

6 ヒトの眼と光

6.1 人間の視覚認識との相似性

　映像記録装置が開発される過程において、人間の視覚認識が大きな意味を持っていたことは否定の余地がないであろう。ヒトの眼を通した視覚認識のメカニズムを調べると、映像機器の各構成要素と極めて似通った共通点を見出すことができる。図6-1に、人間の視覚認識の過程とカメラを用いた画像認識のメカニズムを示す。

　図から分かるように、ヒトの目はカメラでいうとレンズと撮像素子、旋回架台で構成されている。網膜には視細胞が密集していて、光を2次元情報に変換する。CCDの撮像面や銀塩のフィルム面に相当するところである。網膜に結像された像は視神経を通して脳に送られ、認識、判断、記憶、再生、処理が行われる。ヒトの脳は、コンピュータの画像取り込み、画像処理に相当する。

　ヒトは、これらの相互作用がまことに巧みで、わずかな色合いや、細かいズレなどを簡単に見抜くことができ、群衆の中で知り合いの顔を瞬時に見出す能力に優れている。ヒトの眼を映像機器という観点から見たらどのようになるのであろうか。ヒトの眼のレンズ焦点距離は？　ヒトの眼の感度は？　ヒトの眼はCCDカメラに換算すると何万画素に相当するのであろうか。

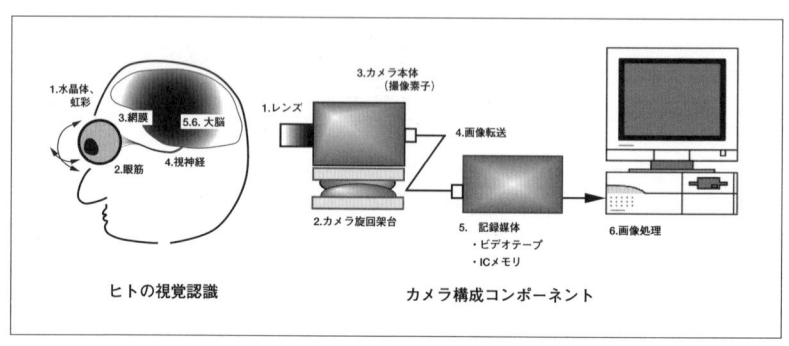

図6-1　ヒトとカメラの視覚認識

6.2 レンズとしてのヒトの眼

　ヒトの眼は、直径24mm程度の眼球からなり、光が入る方向から順に角膜、虹彩、前房水、水晶体、硝子体、網膜の構成で成り立っている（図6-2）。
　ヒトの眼の視角は片眼で鼻の方向約60°、耳の方向で約90°の視界がある。両眼を用いると上下左右ともほぼ180°近くまで感知することができるのである。ヒトの眼は、この範囲すべてにわたってはっきりと見えているわけではない。よく見える範囲は4°程度に限られ、あとはただぼんやりとしか見えていない。つまり目の中心の狭い範囲に集中して視神経が集まり、あとはぼんやりとしか見えず、必要に応じて眼球が動いて興味ある部位に絶えず焦点を合わせて物体を捉えている。この動きはとても速く（一説には数百Hzといわれている）、視野をサーチしながら視野の全体をシャープな像として頭の中で記憶・認識している。ヒトの眼は180°の視野があると述べたが、ぼんやりとした視野がこの範囲であり、シャープに捉える視野範囲は眼球を細かく動かしながら40°～50°を得ているといわれている。したがって、カメラなどのレンズでは、40°～50°の範囲を撮影できるものを標準レンズと呼んでいる。35mmフィルムのライカサイズのカメラ（一眼レフカメラ）では、f46mmのレンズがこれに相当し、2/3型のCCDカメラでは、f12mmのレンズがこれに相当する。ヒトの眼とカメラレンズの違いは、ヒトの眼

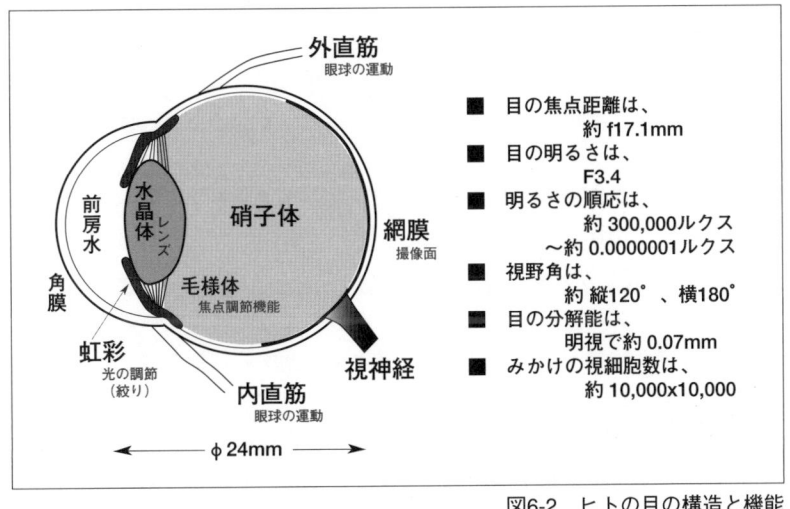

図6-2　ヒトの目の構造と機能

が眼球運動によって広い範囲をシャープに認識しているのに対し、カメラレンズはフィルム面、CCD撮像面の周辺までピントがぼけることなく像を結像させなければならないため、撮像面全域にわたって収差のないレンズが求められることである。したがって、ヒトの眼につけるメガネには高度に収差をとったレンズを使う必要はない。老眼用のメガネ（凸レンズ）をカメラレンズに使ったとしたら、画像周辺部が収差によってボケてしまい使い物にならないであろう。

6.3 ヒトの眼のレンズ焦点距離

　ヒトの眼の中でレンズ作用があるのは、主として角膜と水晶体である。屈折力は、角膜で約45D（ディオプタ）、水晶体は注視する物体の距離によって変化し、その屈折力は15～27D（ディオプタ）である。D（＝Diopter、ディオプタ）というのは、レンズの屈折力を表す値である。焦点距離1mを1D（単位はm^{-1}）と表し、屈折力が高くなるほど値が大きくなる。焦点距離が50cmなら2Dという値をとり、1mを焦点距離で割った値となる。

　　屈折力(D) = 1〔m〕/レンズ焦点距離〔m〕　・・・（47）

　角膜は、厚さが0.5mmの透明な固い膜でできていて、それ自体には調節能力はない。血管が通っていないので他人に移植が簡単にできる。角膜の湾曲に異常があると、垂直断面と水平断面で曲率半径の差が大きくなるため、乱視の主要原因となる。
　水晶体は、毛様筋の働きで厚みを変え近距離から遠距離まで物体を正常に見ることができる。その屈折力は15D～27Dの範囲で変化する。いわゆるズームレンズである。ただ、CCDカメラについているズームレンズが、主に画角の調整にズーム機能を使うのに対し、ヒトの場合は焦点を合わせるためにズーム機能を使っている。CCDカメラのピント調整は、レンズと撮像素子の位置を変えることによって行っているが、ヒトの眼は、眼球の大きさが一定であり硝子体を伸び縮みさせてピントを合わせることができないので、水晶体の焦点距離を変えることでピントを合わせている。この働きは、ズームレンズを使って試して見ると分かりやす

い。薄い接写リングを挿入してズーム比を変えるとピントの合う位置が現れ他の位置ではぼけてしまう。

　ヒトの眼のズーム機能も年とともに変わる。遠くのものから近くのものまで焦点を合わせるために、目の屈折力を変える能力を調節力といい、近点距離の屈折力から遠点距離の屈折力を差し引いた値で表す。この値は、10歳の若年で14D、25歳で10D、50歳で2.5Dが標準といわれ、年とともに調整能力は弱ってくる。50歳の人が2.5Dの調節力しかないということは、その人が正常な目の持ち主で遠くのものが正常に見える場合、近点は2.5Dの屈折力となり40cmとなる。つまり、40cm以内にあるものはピントが合わずにぼやけてしまう。

　目の構造を単純に考えて薄いレンズと考えると、水晶体は後側焦点距離が約23mmの凸レンズと見なすことができる。その直前には、レンズでいうところの絞りに当たる虹彩があり、その前面を角膜で覆うという仕組みになっている。レンズ(角膜)前方は空気であるから、物体空間の屈折率を1とすることができ、像を結ぶ網膜までは硝子体と呼ばれる液体で満たされているためその屈折率は水に近く1.34とすることができる。この構成で等価レンズを考えると、レンズの焦点距離は、f17.1mmとなる。

$$22 [mm] \times (1/1.34) = 17.1 [mm] \qquad \cdots (48)$$

　この式の意味は、眼球の直径が22mmで無限遠の物体を見たとき、目のレンズは22mm後方の網膜に像を結ぶため、レンズの焦点距離は22mmとなる。しかし水晶体と網膜の間には硝子体が入っていて屈折率が違うため、その屈折率を考慮すると、ヒトの眼のレンズ焦点距離はf17.1mmになることを示している。

　レンズの絞りに相当する虹彩は、明るさに応じて見かけの大きさが2mmから7mmくらいまで変化し、5mm程度を境に大きくなると色収差や球面収差が悪化するといわれている。

　目の結像機能を評価する場合、レンズ絞りの直径が5mmで焦点距離f17.1mmの無収差レンズと考えればよいことになる。したがって、目のレンズの明るさは、

$$F = f/D = 17.1 [mm]/5 [mm] = 3.4 \qquad \cdots (49)$$

となり、口径比F3.4（収差を無視すればF2.8）の明るさを持つレンズということができる。それほど明るいレンズではない。

目を無収差レンズとした場合のレンズの分解能は、

$$0.6\lambda/\sin a = 0.6\lambda/(D/2f)$$
$$= 0.6 \times (550 \times 10^{-9})[m]/(5/2 \times 17.1)$$
$$= 2.26 \times 10^{-6}[m] = 2.26[\mu m] \quad \cdots (50)$$

となり、目の最高のコンディションでの分解能は2.26ミクロンとなることが分かる。

(50)式は、ホイヘンス・フレネル（「8.6.7 フレネル」参照）の光の屈折による回折限界から求めた値である。$\sin a$ は、レンズの世界、特に顕微鏡レンズでは有名な値で、N.A.(Numerical Aperture)と呼ばれる値である。N.A.は光を集める能力を表す数値で、1.0が最高である。N.A.とレンズ絞り（口径比）の関係は、

$$F = 1/2\sin a \quad \cdots (51)$$

で表される。$\sin a$ が1.0のとき、レンズ口径比はF0.5となり、レンズでは理論上F0.5が一番明るいレンズとなる。

ヒトの眼が2.26ミクロンの分解能を持つことが分かったが、この値を信じて、この程度の微細粒子を裸眼で識別できるかというと、それは難しい。レンズ機能を持つ角膜と水晶体を通った光は、網膜にきちんと結像させて像を認識させなければならない。ヒトの眼の解像力は、網膜神経の大きさとレンズの組み合わせで決まり、被写体を識別できる分解能は、明視の距離（25cm）での分解能となる。

一般的にヒトの眼の分解能は、明視の距離で0.07mmといわれている。ヒトの眼の最小視角は、物体に対して1分（1/60°）といわれているので、明視の距離（250mm）から物体を認識できる能力は、

$$\text{目の視角分解能} = 250[mm] \times \tan(1/60°) = 0.073[mm] \quad \cdots (52)$$

となり、1mmを14分割した長さがものを識別できる限界であることが分かる。

それ以上の小さいものを見る場合には、虫メガネの助けを借りたり、顕微鏡を使って見ることになる。

6.4　ヒトの眼の感度

　ヒトの眼は、明るいところから暗いところまでかなり広範囲にわたって見ることができる。網膜にある視細胞は錐状体と桿状体の2種類がある。錐状体細胞は、網膜の中心部3mm部分に密集していて明るいところで働き（明所視＝photopic vision）、桿状体は、網膜中心の周りをとりまくように配置され暗いところで機能する（暗所視＝scotopic vision）。ふたつの視細胞が切り替わるのは、被写体の輝度が0.002cd/m^2（照度にして0.03lx）であり、満月の夜より1桁暗い明るさでその役割が代わる。2種類の視細胞が交代する明るさを薄明視＝mesopic visionといっている。
　過日、映画館で映画を鑑賞する機会があって出かけたときのことである。映画鑑賞は2年ぶりで久しぶりの鑑賞となった。あいにく映画館に行くのが遅れ、映画館に着いたときには予告が始まっていて観客席は暗くなっていた。明るいところから暗いところに入るとき、目が慣れるまでしばらく時間がかかるのは誰しも経験するところであろう。暗いところに入った直後は、目の前が真っ暗でしばらくの間は何も見えない。目が慣れると不思議なもので意外といろんなものが見えてくる。若い頃は映画館に入ってもすぐに目が慣れたのであるが、遠視が入ったこの年になって久しぶりに暗い部屋に入ったときに、以前にも増して目が慣れるのにかなりの時間がかかったのはショックだった。
　ヒトの光に感ずる能力は高く、10^{-7}lx（0.000001lx）程度の光を感じるという。フォトンを検知する感度をヒトは持っている。ヒトが暗い場所に入ると、はじめに明るい場所で主役であった錐状体細胞の感度が約1,000倍くらいに上昇する。この状況が約10分ほど続き、続いて徐々に桿状体細胞が働きだし、この細胞の感度も1,000倍に向上する。つまり、1,000,000倍もの感度を上昇させる機能を持っているのである。その感度に達するまでに10分から20分ほどかかる。暗いところから明るいところに出るときは1～2分で順応する。
　ヒトの眼の感度は、ある本によるとフィルム感度に換算してDIN4000とあった。

DINというのはドイツのフィルム感度規格で

$$DIN = 10\log(ISO) + 1 \quad \cdots \quad (53)$$
DIN：フィルム感度のドイツ規格
ISO：フィルム感度の国際規格。
ASA感度がそのまま採用された。

と定義されている。CCDなどの感度を換算するときに我々はフィルム感度を基準として判断する。これは、従来、写真を撮るとき、ISO100のフィルムやISO400のフィルムを使用してきており、その感度を体で知っているためである。現在よく使われるCCDカメラはISO1600程度、デジタルカメラでISO400程度である。(53)式からDIN4000は、ISO 10^{400} (10の400乗！)あることになる。この値はにわかに信じがたいが、自らの経験でこの値を検証してみたい。

　筆者の経験からいうと、満月の明かりはかなり明るく、人の顔も色合いもほぼ認識できる。満月の明かりは一般的に0.2lxといわれている。月明かりの下ではほとんど不自由なく歩くことができ、障害物もなんとか避けることができる。ということは、月明かりの明るさで、ヒトは1/10秒程度の時間で物を認識できることになる(1/10秒の根拠は「6.6 目の反応時間」で説明する)。ヒトの眼の虹彩が全開のときの口径比（レンズ焦点距離と虹彩の大きさの比）はF2.8であり、1/10秒での露光で物体が認識できるヒトの眼の感度は、ISO感度に換算すると、ISO100000相当となる。目の錐状体細胞は、この明るさの1/10程度までは自らの感度上昇で追従し、それ以下の明るさについては桿状体細胞が働き1,000倍の感度を得ている。そう考えると、ヒトの眼の感度は、ISO1000000000(10の9乗)となる。このように考えると、先に述べたヒトの眼の感度がDIN4000＝ISO 10^{400} (10の400乗！)であるとする値との間に相当な開きが認められる。

6.5　色

　ヒトの眼には、光の三原色に反応する視細胞があり、これによって色を認識しているといわれている。カラーフィルムやCCDカメラ内で色を作っている原理が目の中でもでき上がっているのである。視細胞には明るい光を得意とする錐状体

ヒトの眼と光

細胞と、暗い光を得意とする桿状体細胞があり、明るい光を得意とする錐状体細胞は黄緑色をピークとする赤い色に感度が強く、網膜の中心に特に密集している。暗い光を得意とする桿状体細胞は青緑をピークとする青い色に感度が高い。この細胞は網膜の中心には分布しておらず周辺に散らばっている。

　日本人は、古来、色の識別を黒と白、青と赤の4種類で大別して、細かい色は、蓬色（よもぎいろ）、鴇色（ときいろ）、茜色（あかねいろ）というように自然にある色合いで示していた。黒い、白い、青い、赤いというように「い」で終わる色の形容詞はこの4つしかない。だから、青も緑も「青い」部類に入り、黄色も赤も「赤い」仲間に入れられた。相撲の土俵の角の青房は緑色であるし、信号機の「青」も実は緑色である。しかし、日本人はこれを青としていた。秋に山々の木々の葉が黄色や赤に変わるのを「紅葉」と称していた。黄色までも赤に入れてしまうのである。それほど色は複雑なため、ばっさりと大きく色づけしたのかも知れない。

　江戸時期、経済の主導権を握った町人階級が豪奢な生活をはじめ、武士階級を圧迫することを憂えた幕府は、町人の服地の色を強く規制するようになった。町人階級は、その色の規制の中で独自の色文化を築きあげていく。色の規制が厳しい中、茶色と灰色は「お構いなし」とされたために、実にたくさんの色が作り上げられ、四十八茶百鼠と呼ばれる言葉が生まれた。北原白秋の詩の中に出てくる「利休鼠」も、灰色の一種の色合いであり、利休のお茶にあやかって抹茶のような

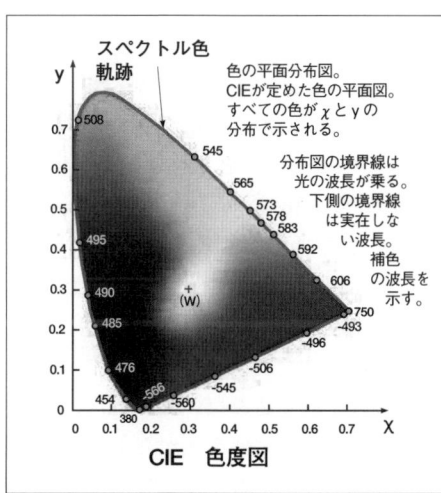

図6-3　色度図

緑色がかった灰色のことをいっている。

　このように、色はかなり複雑で多様である。学術的には、色は光の波長で表される。しかし、実際の色はいろいろな波長の光が混ざり合って出来上がっている。国際照明学会（CIE＝Commision Internationale de l'Eclairage）では、この色を表すために色度図を完成させて複雑な色合いを数値化した（図6-3）。

　ヒトの色に対する判断は非常に繊細で、デリケートな色合いまで識別し反応する。色については、「第7章　色の規格化について」でさらに詳しく触れたい。

6.6　目の反応時間

　面白い事実がある。ランプが点滅するとき、ゆっくりと点滅を繰り返す点灯は、長さの区別がつくものの、発光が短くなって1/100秒程度になるとどれが長い発光でどれが短い発光か分からなくなる（発光の短いものは、一般的に光量が少なく弱い光なので光の強弱の区別は可能である）。$100\mu s$（1/10,000秒）の発光と$1\mu s$（1/1,000,000秒）の発光の区別をつけるのはかなり難しい。また、ストロボ発光装置を使って1秒間に数回から数十回まで変化させて行くと10Hzあたりから間欠発光が連続発光として認識されるようになる。実はこの現象は、ヒトの眼の働きの中で結構大事なもので、活動写真、映画、テレビ、アニメーションなどの動画はすべてこの人の目の「残像」現象を利用している。

　映画の撮影・映写速度が16コマ／秒と決められたのは、ヒトの眼が動画として無理なく目に入る最低の速度であったためといわれている。映画の撮影速度を、ヒトが動画として認識できる最低速度にセットしたのは高価なフィルムを無駄遣いしたくなかったからである。映画がトーキー（サウンドトラック入り）の時代に入り、音質を確保する必要上、撮影・映写速度を16コマ／秒から24コマ／秒に引き上げられた。テレビが60フィールド／秒（30フレーム／秒）に決められたのは発電所からの交流周波数が60Hzであったためである（ヨーロッパは、電源周波数が50Hzであるため PAL規格のテレビ映像は、50フィールド／秒、25フレーム／秒となった）。

　テレビが、1枚の画像を得るのに2回に分けて取り込んだのは、テレビが映画と違って画像を作るのに走査線という方式を使って、画面を上から下に一筆書きでなぞるようにしたためである。一筆書きで画像を作る際、1秒間に30枚の画像を

作り出し、その画像1枚を左上から右下まで1/30秒で描いた場合、画像の描き初めと終わりの1/30秒(33ミリ秒)の間にブラウン管の残光が保持できず、画面の上部と下部に極度のチラツキが出てしまったためである。60コマ／秒で画面全部を走査できれば問題なかったのであるが、60フレーム／秒で走査するための技術(映像帯域、高周波数素子の開発)がなかったため、1画面を2つに分けて1走査線を飛び飛びにして織りなすような仕組み(インタレース方式)を考えた。これは、苦肉の策だったのである。現在では電子技術も進歩し、1,280×1,024画素をカラー、75Hzで走査できるようになった。

6.7 網膜細胞—解像力

細かいところを見るとき目を凝らす。このとき、ヒトは網膜中心に集中した視神経を使っている。目の中心 ϕ3mmには錐状体細胞がギッシリ詰まっている。この細胞の直径は約1.5μmでできていて、これがϕ3mmの網膜の中に密集しているため、直線方向に換算すると2,000本並んでいることになる。面積換算では700万本に相当する。視神経の大きさが網膜上で1.5μmであるため、網膜上で1.5μm以下の認識はできない。実際のところ、物を認識するには2つの細胞にまたがっていなければならない。この問題は後でCCDカメラの撮像素子と解像力でも触れるが、物を認識するには最低2つの素子(細胞)分が必要となる。したがって、このヒトの眼の網膜上の分解能は約3μmとなる。

ヒトの眼の解像力に影響を与える要素に目のレンズ(水晶体)がある。目のレンズについては前の項目で触れているが、レンズの分解能は、ヒトの眼の場合、2.26μmである。これは光の回折限界から求められている。目の錐状体細胞が1.5μmで、その細胞に2.26μmの点像が結ばれる。当然、この点像は隣の視細胞にも周りこむ。したがって、目の分解能は、両者の分解能の和として

$$2.2 [\mu m] + 3 [\mu m] = 5.2 [\mu m] \quad \cdots (54)$$

$$目の総合分解能 = \tan^{-1}(5.26 \times 10^{-3} [mm]/17.1 [mm])$$
$$= 0.017° \ (= 1/60 = 1分) \quad \cdots (55)$$

●●● 光と光の記録【光編その2】― 光の属性・干渉・回折

となり、視角1分が正常な人の目の分解能となる。視角1分は、明視の距離25cmでものを見る場合、

$$250〔mm〕× \tan 0.017 = 0.073〔mm〕 \quad \cdots （52）（既述）$$

となり、裸眼では0.1mm程度が目の限界能力となる。視力検査で、5mの位置から1分の分解ができる視力を1.0といっている。この視力では、5m先の1.45mmの切れ目を識別できる能力を持つ。

ヒトの視野は、約50°が標準の視野といわれていて、視角1分で識別する視野の範囲は、

$$50°/1分 = 50 × 60 = 3,000分割 \quad \cdots （56）$$

となる。もちろんヒトの眼はこれだけの情報を常時取り込んでいるわけではない。視細胞は目の中心部に集中して集まっていて、1分の分解能をもっている。それが、眼球の運動によってあたかも50°視野を1分の分解能で認識しているように見せかけている。その認識速度は約10コマ/秒である。これだけの分解能を得るために目の網膜には見かけ上（眼球の運動と脳の合成機能の助けを借りて）、10,000×10,000素子の視細胞で構成されている（表6-1）。

	ヒト	通常のCCDカメラ
焦点距離	f17.1mm（焦点距離可変）	f12mm
画角	約50°（視認角度 水平180°、垂直90°）	約49°
口径	F3.4	F1.4
視細胞の大きさ	$\phi 1.5 \mu m$	$12 \mu m × 12 \mu m$
分解能	10,000x10,000	640x480
被写体分解能	約0.07mm	約0.7mm
最低視認照度	0.005ルクス	約9ルクス
感度	ISO10E400	約ISO1600
視認発光間隔	約10Hz	約30Hz

表6-1　ヒトと一般的なCCDカメラの数値比較

●●● 光と光の記録［光編その2］ー 光の属性・干渉・回折

第 7 章

 **色の規格化**

●●● 光と光の記録［光編その2］― 光の属性・干渉・回折

7 色の規格化

7.1 三原色(Three Primary Colors)

　ヒトにとって、色は大変重要な情報である。ヒトの眼が色を識別できるのは、目の中の視細胞に色を見分ける能力があるためであり、その原理は、写真フィルム、カラーテレビやプロジェクタ、デジタルカメラなどに見られる光の三原色による色合成と極めて似通っている。すなわち人間の視細胞には、赤、緑、青の三原色に応答する3種類の感色機構を持っている。これは最初、ヤング(Thomas Young：1773〜1829、英国医学者・物理学者・考古学者)とヘルムホルツ(Hermann Ludwig Ferdinand von Helmhortz：1821〜1894、独国物理学者・生理学者)が唱えた。

　この説に反して、ヘリング(Edwald Hering：1834〜1918、独国生理学者)は反対色という理論(視細胞は、明−暗、赤−緑、青−黄の反対色に応答する機構があるとする理論)を唱え、両者間で長い間論争された。この論争は、最近の生理学の研究により網膜の錐状体細胞に三原色に相当する細胞があることが分かり、それぞれの細胞が三原色的な信号を発生し、網膜内の神経細胞で反対色的なパルス信号に変換されて脳に伝達されていると考えられるようになった。

　ヒトの色に対する判断は非常に繊細であり、デリケートな色合いまで識別し反応する。

　ちなみに、色に対する科学的アプローチは、ヤングやヘルムホルツのような生理学と光学、電磁気学に長けた科学者が、目の解剖という生理学の知見を通して光学的な裏付けを施して基礎を整えた。ヤングは、目の解剖から得られた知見を元に光が波であること(光を粒子と想定した場合、粒子を検知する網膜は不可能であること)を唱え、光の干渉実験を試みてニュートンが唱えた光の粒子説を覆した。当時、ニュートンは不世出の天才物理学者で、彼の唱えた理論に異論をはさむのはタブーとされていた。それを同じ国の医学者が覆したのである。これは歴史的なことであった。ヤングは、光の研究から波に関心を持ち、弾性体の研究に

進み、材料力学の基礎ともいえる応力と歪みの比が材質によって一定であるというヤング率を発見した。彼の晩年は、ロゼッタ石の解読に専念し、死ぬ間際に古代エジプト文字の辞書編纂を完成させている。恐るべき天才というほかない。ヘルムホルツも目の生理学の見地から光が波であることを援護し、電気物理学にも関心を寄せて電磁波の礎を作り、愛弟子ヘルツ（Heinrich Rudolf Hertz：1857～1894、独国物理学者）を育てた。

フィルム銀塩感光剤に使われているカラー三原色法は、こうした理論を元に1855年、英国物理学者マクスウェル（James Clerk Maxwell：1831～1879）が提唱したと言われている。

色への科学的アプローチは、ニュートンがプリズムを使って白色光を分散させて多数の色の集まりであることを示した後、生理学者らが目の解剖によって色の認識メカニズムを解明し、三原色による色の合成を見るに至った。その恩恵にあずかって、色を再現良く表示できる色の立体構造表示を完成させ、カラーフィルムができ上がり、カラー印刷や、カラーテレビの発展を見るに至った。

7.2　波長

色を科学的に捉えた最初の人物は、英国の物理学者ニュートン（Sir Isaac Newton：1642～1727）である。彼は、プリズムを使って太陽の光を分光し、白色光が多くの色を持った光でできていることを示した。1666年のことである。その後、光の色は光の波長に強く依存していることが判明した。

光と波長を関係づけたのはニュートンではない。すべての光の色は単一の波長だけで言い表せない。380～780nmまでの可視光域を連続的に変えていけば相当数の色が再現できる。しかし、実際の光の色はそれ以上に存在する。たとえば、赤い光と紫の光を混ぜると赤紫色の鮮やかな光が得られるが、これは太陽光の単色光で取り出すことはできず、ふたつの光を混ぜ合わせないとでき上がらない。すなわち、赤紫は単色光ではない。また、淡い色彩である桃色も単色光ではなく白い光にわずかに赤い光を落として作られる。

このようにして見ると、光の色は音楽の音色と同じようにいろいろな波長が絡みあってできたものであることが理解できる。その色合いは、まさに無限大といっても過言ではない。逆説的にいうと、ある色を出す場合に、いろいろな光を混ぜ

て調合することが可能で、同じ色を出すのに幾通りものやり方があることを教えてくれている。

　光の色を作るのにいろいろな方法がある中で、赤と青と緑の3種類(三原色)ですべての色を作ることが考え出された。

7.3　色度図(Chromaticity Diagram)

　色は主観的であり、客観的に数値化することが難しい。これを何とか数値化できないものかと大きな関心が寄せられてきた。色の絶対的な数値化の試みである。

　色の規格は、SI(国際単位系)では規定がない。SIの国際規格で決められている光の単位は、以下の4つだけである。

・光度（カンデラ）

・光束（ルーメン）

・照度（ルクス）

・輝度（ニト）

　光の色に関しての規格化は、国際照明学会が主導的な役割を果たしている。この試みは、光の三原色という概念が確立化され、3種類の光の比率で再現の良い色が無数にできることから、光の色の規格化が始められたように思う。この規格は、国際照明学会(CIE＝Commision Internationale de I'Eclairage)による色度図の完成で成果をみた(図6-3　色度図参照)。

　色度図では、白色光を三原色の混合で表し、その比率を1:1:1としている。三原色が均等に混ざると「白」になるというものである。また、この比率の合計をいつも1としておけば、緑と赤の比の2次元グラフですべての色が表されるようになる。三原色としては、通常、赤＝700nm、緑＝546nm、青＝436nmの単色光を用いている。

　図6-3で示した色度図では、縦軸に緑(y)を取り、横軸に赤(χ)を取っている。図で示している馬蹄形の曲線の周りに示された数値は光の波長を表し、その数値でどんな色に見えるかを表している。馬蹄形の境界線上に乗っている色を総称してスペクトル色と呼んでいる。山形をした曲線の下側の直線部分は、単独の波長としては存在しない光の色で、赤と紫の単色光を混ぜ合わせて作ることができる。この直線部分は、現実の波長で示すことができないので補色となる相方の波長で示し、これにマイナス符号を付けて表示されている。

白色は、χとyがそれぞれ0.33の所に理想の白があることを示している。このとき、χ（赤）とy（緑）の比の合計が0.33＋0.33＝0.66であるので、暗黙に青の成分（z成分）が0.33分含まれている。この図は、前にも述べたが3色の比の合計が1になっていることを前提にして作られているためである。したがってχ＝y＝0.33の場合、青(z)の成分が自動的に0.33となって、白になっている。

色度図を見てみると面白いことに気づく。波長が700nmの光は赤色であり、本来ならχ＝1、y＝0、(z＝0)であるはずなのに、図ではχ＝0.7、y＝0.3、(z＝0)となっていて、緑の成分が少し加味されている。この理由を簡単に述べると、赤だけの成分では実際の赤にほど遠い色となってしまうからである。この色度図を作るのに、比色法と呼ばれる手法が取られた。色の特定というのは、いまだに純然とした科学計算式に乗せることができず、人間の感覚に頼っている部分が多いためである。この色度図を作成するにあたって採用された比色法は、ひとつの視野の一方に測定したい色を入れ、他方に三原色を混合した検定光を入れて両者を比較し、合致したときの三原色の比によって測定色の色を決定するというやり方を取っている。

7.4 色相(Hue)、彩度(Chroma)、明度(Value)

色度図は、色の特定には実に都合良くできているものの、同じ色でも明るく見えるものと暗く見えるものがあり、これらを特定する場合には適当ではない。物体にたくさん光を与えると明るく見えるようになり、与えすぎると白くなる。反面、与えないと暗く見えて最後には黒に落ちてしまう。こうした「明るさ」や「鮮やかさ」の考えを考慮するため、色には3つの属性があると考えて、色を3次元的に特定する試みがなされた。この立体的な光の色の特定方法としては、マンセル表色系が有名である。マンセル値で示される色表示は、塗装色を指定する場合によく利用される。マンセル(Albert H. Munsell)は米国の画家で、1905年に色の立体表色を考案し、1930年代にアメリカ光学学会(OSA＝Optical Society of America)がこれを採用して世界に広まった。彼の考え方は、その後写真やテレビジョンにも影響を与え、三原色と並んで彼の考え方による色の作り方が一般的となった。現在のビデオ画像もコンピュータ画像も、色を作る場合、すべて三原色三属性によっている。

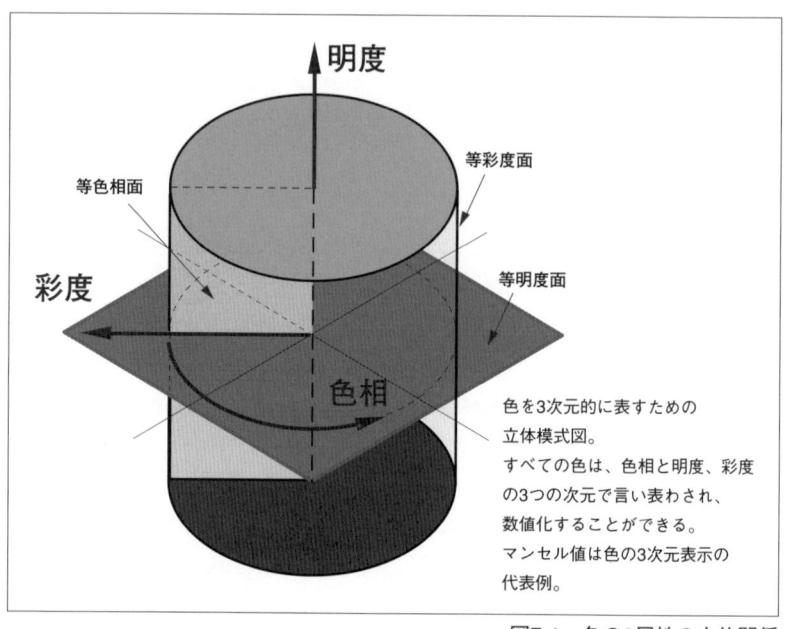

図7-1　色の3属性の立体関係

　マンセルの考え方は、波長で示されるスペクトル色に加え、白色を何パーセントか加えるという表現で色を表している。このふたつの量をそれぞれ「色相」と「彩度」と呼ぶことにした。色相は青とか赤で表し、彩度はスペクトル色（一番鮮やかな色）を10に、白色（無彩色）を0という具合に目盛っている。現実の色彩は同じ色であっても光の当て方で明るい色と暗い色という感覚があるので、この度合いを表すのに「明度」という量を使う。黒を0とし、白色を10と目盛り、その中間にさまざまな明るさの灰色を並べ、それに応じて種々の色の明暗を区別させている。

　マンセル表色系は、色相（H:Hue）、明度（V:Value）、彩度（C:Chroma）の3つの属性によって色を規格化するものであり、HV/Cの順に記号化して表している。たとえば、2.5R4/10という具合に表す表記は、「2.5R、4の10」と呼んでいる。最初の2.5Rは色相を表し赤の2.5番を示す。4は明度で、0から10の間の4番目の明るさを指している。最後の10は彩度を表し0から10までの値を取るので、10の場合は最も鮮やかな色になる。ちなみに、色を持たない灰色のマンセル値はNeutralであるNの記号で色相を表し、N7というように明度を後に付けて示す。灰色では彩度の値は取らない。

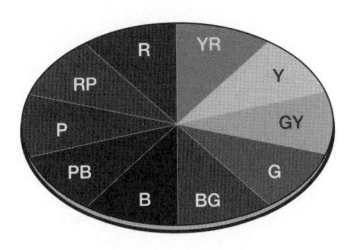

図7-2　色相(Hue)分割

7.4.1 色相(Hue)

　色相は、色味の種類を示す。色相は、R(赤)、Y(黄)、G(緑)、B(青)、P(紫)の5つの基本色相と、その間の中間色相としてYR(オレンジ)、GY(黄緑)、BG(青緑)、PB(青紫)、RP(赤紫)の5種類を加え合計10種類の色を作り(図7-2)、各々を感覚的に等しく10分割して100色相としている。理論的には、10分割されているが、それぞれの色相の代表色は5の位置にあり、2.5、5、7.5、10の4つの色相がメインであるため、ほとんどのケースで40色相が主な色票化として利用されている。

7.4.2 明度(Value)

　明度は明るさを示す。明度は無彩色(色を持たない黒から白)を基準とし、理想的な黒を0、理想的な白を10として、その間を感覚的に等しい段階に分けている(図7-3)。有彩色の明度は、その明るさの感覚が無彩色の基準と等しいところの明度記号で表している。

7.4.3 彩度(Chroma)

　彩度は、色の鮮やかさを示す。無彩色の0を起点とし、色味の冴え方の度合いを等歩度に分割表示している。彩度の限度は色相によって異なる。
　図7-4に示すのがマンセル色立体と呼ばれるもので、色の3属性の立体構造を実際の色標本にして構造的に表したものである。この色立体から分かるように、色標本はすべての組み合わせで標本ができるのではなくて、色によっては標本が少

●●● 光と光の記録［光編その2］― 光の属性・干渉・回折

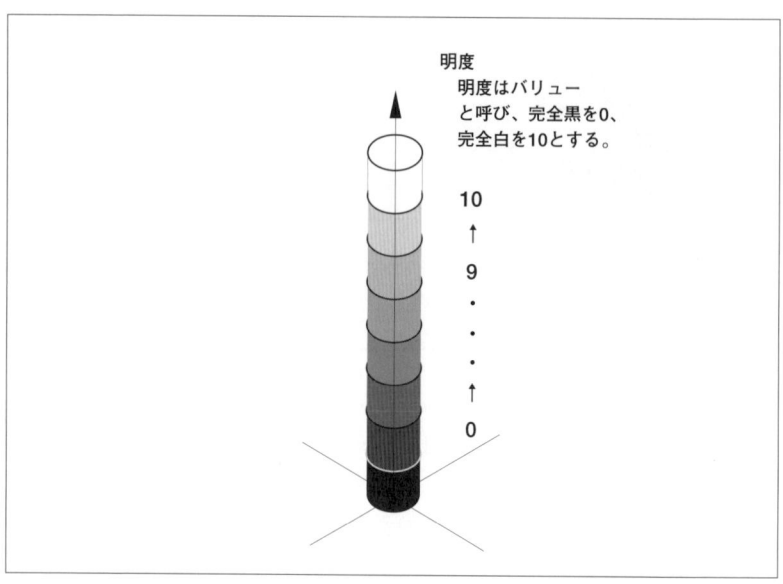

図7-3　明度（Value）スケール

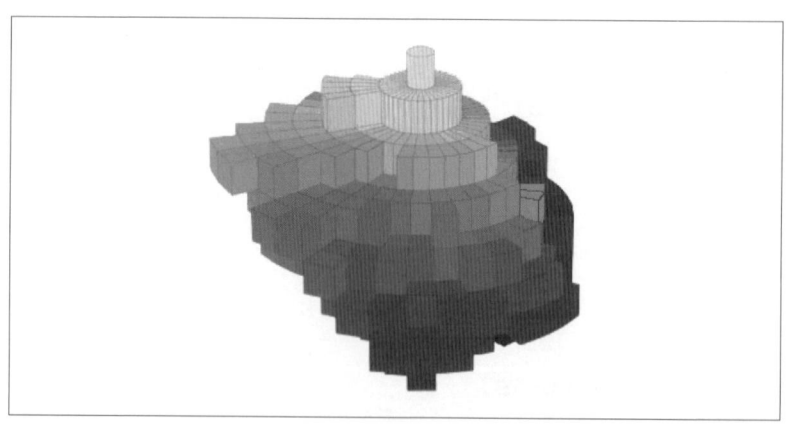

図7-4　マンセル色立体

なかったり、多くあったりする。全体的に明るい上側と暗い下側は色標本が少なく、白と黒に収束している。

7.5　色温度(Color Temperature)

　色温度については、「光と光の記録［光編］　1.15　色温度」で説明を行った。色の度合いを黒体の温度をスケールとして、色を温度表示で示したものである。その色合いは、赤から青に至るもので温度が高いほど青白い色になる。しかし、緑そのものの色合いや濃紺、紫などの色は色温度では表せない。

　色温度は、黒体の輻射エネルギーを元としているため、広い範囲にわたる光エネルギーを扱っている。したがって、レーザや発光ダイオードの単色光については、色温度表示はできない。色温度の概念そのものが、鉄の製造過程における温度監視用として発熱光の色が使えないものかと考え出されたもので、ドイツの物理学者プランクが精密な理論の元に温度と黒体輻射の関連性を突き止めた。

　色温度は、製鉄分野の温度管理では大変貴重な役割を担っている。また、白色光を扱う撮影現場や、照明器具の分野では色温度表示を頻繁に使う。赤っぽい白色（タングステンハロゲンランプ）や青っぽい白色（車のHIDランプ）など、白色の色合いを示すのに色温度を用いることが多い。

●●● 光と光の記録［光編その2］ー 光の属性・干渉・回折

第8章

 自然界の光の性質

自然界の光の性質

8.1 自然現象に見る光の性質

　自然界には、光にまつわるさまざまな現象が現れる。古代の人々にとっての光は、天からの恵みであり神そのものであったと想像する。茜色の夕焼け空や紺碧の空など、太陽の光が形作る自然界のスペクタクルには、魂を揺さぶるほどの感銘を受ける。そうした自然に接するとき、ふと疑問に思うことがある。

　空はなぜ青いのか？　夕焼けはなぜ起きるのか？　雲はなぜ白かったり黒かったり赤かったりするのか？　虹はなぜ起きるのか？　呼び水や蜃気楼はなぜ起きるのか？　日食や月食はなぜ起きるのか？　カミナリはどのくらいの光を放つのか？　太陽の周りにできるハロー現象はどうして起きるのか？　極地に降り注ぐオーロラの正体は何か？　雲海の彼方に見えるブロッケン現象やセント・エルモの火はどうして起きるのだろう？　などと。

　こうした自然界に見られる不思議な現象を、古来の人達は神の意向と捉えてきた。しかし、16世紀あたりから光を熟知した科学者によって、光の自然現象を科学的に突き止めていく試みがなされる。このような人類が勝ち得てきた叡智を、一緒に紐解いていきたいと思う。自然の現象が科学的に解き明かされたからといって、自然の織りなすスペクタクルの感動が失われるわけではない。前にも増して、自然の法則性に思いを新たにし、より親しみを持って自然と接することができれば良いと信ずる。

8.2 光の直進

　光の大きな特徴のひとつに、まっすぐに進む性質がある。もちろん、光は反射したり屈折し、散乱や回折、吸収も起きる。しかし、光の一番の大きな特徴は、まっすぐに進むことである。この大きな特徴があって、その上に屈折や反射があると考えるほうが素直である。

●●● 自然界の光の性質

　光の直進のおかげで太陽からのエネルギーが地球に降り注ぐことができ、何千光年彼方からの光も地球に届く。この性質は他の電磁波よりも強い性質である。地球から1億5,000万km離れた太陽の光が、地球に降り注ぐ際に物体にあたった光は、しっかりとした陰影を作り出す。この事実は、光がまっすぐに進んでくることを示している。

　2003年11月23日には、南極で皆既日食が現れた。日食は太陽と地球の間に月が入り、太陽光を遮り地球に月の影を落とすというものである。この現象も、光が直進する事実をはっきりと示している。天体の運行が計算によって認識され太陽、月、地球の位置関係が特定されるようになると、はっきりと日食、月食の日時が特定されるようになった。

8.2.1　コロンブスと月食

　月食で思い出されるのは、アメリカ大陸を発見したコロンブス（Christoper Columbus：1451～1506、イタリア人船乗り）のことである。彼は、月食の事実を知っていて航海の災難を免れた。コロンブスは、1492年にアメリカ（西インド）を発見し、その後、何度かアメリカ大陸への航海を続けている。

　1502年5月、第4回目の航海で彼ら一行は難破してしまい、ジャマイカ島への回航を余儀なくされた。スペインに帰る機会を待ちながらジャマイカで暮らすうち、彼らに食料などを供給していた土着人らが彼らを疎んじはじめた。最初のうちは、スペインから持ってきた品々を物珍しがって喜んで食料と交換していた土着人も、それに慣れるうちに珍重しなくなったのである。

　食料に事欠く事態に陥ったコロンブスは、彼の天文学の知識を利用してこの危機を打開した。その天文知識というのは、1504年3月1日に月食が起きることで、彼は、ジャマイカ人の酋長を集めて、もしお前たちが心を改めずに我々を餓死させるのであれば、神はお怒りになり、月の色を変え光も消し去るであろう、と宣言した。酋長の中にはこれをあざ笑う者もいたが、予定通り月食が起き、光を失った月を見た原住民は恐れおののき、コロンブスを神と崇め、月を元に戻してくれるよう懇願したという。

　コロンブスは、神にお伺いをたてる体裁をつくろって難破した船室に退き、再び現れて、「お前達が約束を守れば神様は許したまう。その証拠に神はただちに月

25

●●● 光と光の記録［光編その2］― 光の属性・干渉・回折

を再び光に満たされる」と説いた。月が再び満月になるのを見て土着人たちは喜び、コロンブスに感謝し、尊敬を払うようになった。コロンブスは、天文知識によって難局を切り抜けた。

　図8-1の日食の原理図は、分かりやすく示したもので実際の距離間隔とは異なっている。

　月は、白道という軌道で地球の周りを約1ヵ月の周期で回り、地球は、太陽の周りを黄道という軌道で約1年の周期で回る。白道と黄色の軌道が同じであれば、日食は地球上で毎月ごとに新月のときに現れる。しかし、両者の軌道は5度8分43.43秒傾いているため、新月のときに必ずしも月の影を地球上に落とすとは限らず、両軌道が一直線になったときに初めて日食が成立する。

　両者は年に2回軌道が交叉する時期があり、このとき、地球上のどこかで必ず日食が見られる。2回の周期は、おおよそ6ヵ月である。両者の軌道が一直線になるのは約18.6年の周期（サロス周期）で、この周期によって、両者の軌道は徐々に狭められたり広くなったりして逆行運行を繰り返している。したがって、年に2回起きる日食の間隔が、1月と7月から、3月と9月というように、サロス周期の間に移動しながら再び戻ってくる。月は、地球の周りを楕円軌道で回っているので、地球に落とす影の位置が変わり、月が太陽をすべて隠す皆既日食が起きる場合と、月が小さくて太陽をすべて隠せない金環食が現れる。

　また、図8-1では、地球が作る影が大きくて月が地球の影に入る確率が多く、月食が頻繁に起きそうな図になっているが、実際は、地球の影は月の位置に対して狭いので頻繁には起こらない。むしろ、日食より月食の起きる確率は低い。しか

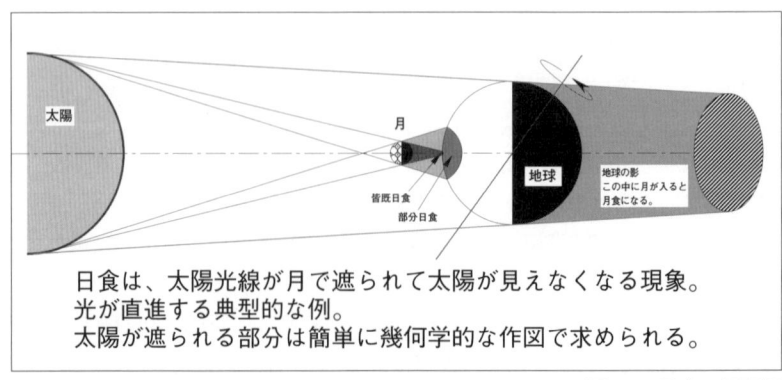

図8-1　日食の原理図

しながら、月食は日食に比べて月食の見られる地域が広く、月食が起きればほとんどどの地域でも見られるため、感覚的に日食より月食のほうが多く見られる感じを受ける。

8.2.2　ブラックホール

　光は直進すると述べたが、宇宙空間には不思議な空間が存在し、光を吸収してしまう空間がある。その空間はすべての物質、そして光さえも引き寄せて閉じ込めてしまうもので、ブラックホールといわれている。

　ブラックホールでは、空間自体が曲がっているため、光の直進が許されず引き寄せられてしまう。空間が歪むというのは、我々の実生活には、ほとんどなじみがない。空気の揺らぎによって陽炎ができたりする経験があるが、これは大気(媒質)の歪みであり、空間の歪みとは異なる。媒質の歪みによる光の屈折は項を改めて紹介する。

　アインシュタインの相対性原理では、光の速度が普遍のものであり、光の速度から宇宙が成り立っていると説明されている。したがって、光をも封じ込めるブラックホールは、光のエネルギーを消滅させるものであり、光の速度を止めてしまうものである。

　空間が歪むというのは、時間が遅れることをも意味している。光は、時間を左右するほどまでに物質の本質的な属性をもっている。ちなみに、質量の大きなものは光を曲げる性質があることが分かっている。皆既日食の際に、太陽の近くを通過する星の光を注意深く観測したところ、少し曲がって地球に届くことが確認されている。光は質量がないのにもかかわらず、である。質量の大きなものの近くは、空間が曲がっていると解釈できよう。

8.2.3　点光源

　光が直進する原理を応用して、1点から放射する光を作り上げ、いろいろな面白い機器に応用されている。

　顕微鏡に使われる光源は、照射する対象が小さいために効率良く光を集める必要がある。光を絞って照射する場合には、元になる光源は集光性の良い点光源が

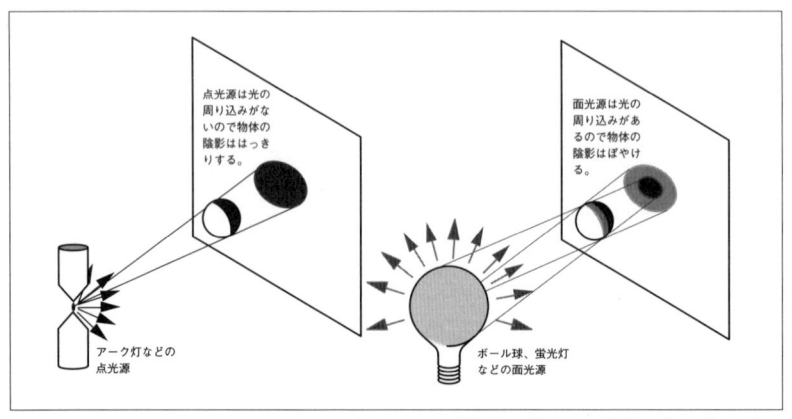

図8-2　点光源と面光源の陰影の作り方の違い

必要であり、しかも密度の高い光が必要である。

　灯台に使う光源は、遠くに光を飛ばすため、光の密度の高い点光源が使われている。映画フィルムを写し出す映写機の光源も、液晶プロジェクタの光源も、基本の光学設計は点光源を元にしている。これらは、光が直進するという前提で光学設計を行っている。シャドウグラフ、シュリーレン撮影で使用される光源にも点光源が使われている。精度の良い点光源を用いることによって、きれいなシュリーレン像を得ることができる。また、光の干渉を利用する光学測定装置には、干渉を起こしやすい単一波長光源(ヘリウムネオンレーザや水銀ランプなど)を点光源として、この光を広げて精度の良い測定ができるようにしている。CDやDVDなどのオプティカルピックアップには、半導体レーザと偏光板を使って、単一波長による干渉を起こさせて信号のS/N比を向上させている。

8.2.4　直進性の強いレーザ光

　レーザ光は、光が直進する理想的なものである。大型建造物の位置出しや測量にレーザが利用されるのは、レーザに強い指向性があり直進する力が強いからである。光は、どの光でも直進するが弱い光だと到達距離が短く、ビームも広がってしまい精度が上がらない。アポロ計画ではレーザを使い、月に置いてきたレーザ反射装置に向け地球からレーザを発振させて、その往復する時間で地球と月の距離を測定した。この事実を見ても、光がいかに精度良く直進して、おまけに一

定の速度で進んでいるかが分かる。レーザの詳細は、「光と光の記録［光編］第4章レーザ」で詳しく説明した。

8.3 光速と長さ

　光が一方向にまっすぐ進む性格と同時に、光が一定の速度で進むという性質は、光の大事な特徴のひとつである。光がどのくらいのスピードで進むかという問題は、光を研究する科学者たちの大きな関心事であり、多くの研究者により精度の良い計測手法が考え出されてきた。

　光の進む速さは、我々の生活ではおそらく体験することのできないほどの値である。音であるなら、やまびことか、救急車の警笛音、雷の稲妻と音のズレなどで音の伝播速度を体験できる。しかし、光はあまりにも速いため現実に体験するのは困難である。それでも天文分野では、光の速度は有限的な値となる。月から地球まで到達する光の時間は1.3秒であり、太陽の光は、8分18秒かかって地球に到達する。宇宙の距離は、光が1年かかって進む距離で表し1光年と呼んでいる。

　別の観点から見ると、それほどに光の進む速度は安定している。光の速度は究極的なものといえる。すべてのものが光の速度に達すると、質量をなくしてエネルギーだけとなり光そのものになる。アインシュタインはそう考えた。光の安定した速度を元に、長さの基準を光を用いて規定するようになった。

8.3.1　長さの基準としての光

　光はまっすぐに進み、しかも速度がとても安定しているので、1960年には、メートル原器の代わりとして長さの定義を光で行うようになった。1960年の制定では、クリプトン元素が発するオレンジの光を利用して長さを決めていたが、1984年の改定では、使用する光源を排除し、光の速度だけで定義するようになった。この理由は、レーザの発明に負うところが大きい。クリプトンの光を使うよりもレーザ光を使ったほうが、より簡便に精度良く長さが割り出されるようになったからである。光の速度は、有効数字9桁まで測定されている。有効数字9桁の光速の値が、現代の工学（光学のみならず工学、物理学）の大切な基本量のひとつとなっている。

8.3.2　光以前の長さの標準—メートル原器

　長さの単位であるメートルは、フランスが発明したもので、かなり理論的な単位である。生活に密着したところから発生している、インチや寸とは趣を異にしている。メートルは、非常に論理的に、かつ物理的に割り出された。

　メートルの最初の原型は、1790年、タレーランが1秒で振り子が1振幅する長さをひとつの尺度とすべきだと、フランス国民議会に提案したことに始まる（1mの長さをもつ振り子の周期は2秒となる）。この提案を基に、地球の子午線の1/4を正確に測量して、メートルの単位を制定しようとした。実際には、パリを通過する子午線の赤道から北極までの長さの1/1,000万とする取り決めを行い（ということは、地球の全周は4,000万m、つまり40,000kmということになる）、ダンケルクとバルセロナ間の実測測量に基づいて、距離を算出して最初の原器が作られた。

　当時、バルセロナはスペイン領であり、フランスとの関係は劣悪であったため測量に5年の月日を費やしたといわれている。制定と測量に際してフランス政府は、イギリスとアメリカに協力を呼びかけたが両国ともこれを拒否した（アメリカは、独立して間もない国で理解がなかったのかもしれない。アメリカは、いまだにヤード・ポンドを使っている。イギリスとフランスは、あまり仲が良くなかった。ドイツは、小さな国家に分かれていて大きな力とはなっていなかった）。

　こうしてできたメートル法であったが、フランスの呼びかけにどの国も手を挙げず、結局フランス単独で制定を行わざるを得なかった。

　メートル原器は1799年に一応の完成を見て、フランス共和国で保管されることになったが、世界の日の目を見るまでに長い月日が経っている。メートル原器が完成して70年経過した1870年、ナポレオン3世が国際会議を招集して24ヵ国270名を集め、国際標準化の道を歩み出すことになる。ここに至るまで、1793年の発案から80年の月日が経っていた。

　フランスが保有しているメートル原器は、白金とイリジウムの(熱膨張の極めて低い)合金で作られていて、主要各国はメートル原器のレプリカを持っている。

　現在、メートルの定義は光によってなされている。光を使った長さ測定のほうがメートル原器を基にしたものよりはるかに精度が良く、再現性が良いのである。長さの定義がメートル原器から光によって定義されたのは、1960年のことである。

8.3.3　1960年—光の2大出来事

　1960年は光にとって注目すべき年である。ひとつは、メートルの定義がメートル原器からクリプトンの同位体86Krのオレンジ線の波長の1,650,763.73倍と定義し直された年であり、もうひとつは、その年の暮れにレーザの発振に初めて成功した年である。

　光によってどうして長さが精度良く求まるのであろうか？　光はとてつもなく速く伝播するので、1mの長さなどを測るのは難しく思われる。しかし、光の速度を求めていく過程で光の速度を精度良く求める手法が考え出され、これが逆に長さを測る原理ともなった。非常に興味ある面白い出来事である。

8.3.4　光速実験—ガリレオの実験

　光の速度を最初に求めようとしたのは、イタリア人ガリレオ・ガリレイ（Galileo Galilei：1564～1643）である。ガリレオの時代は、光が有限の速度を持つかどうかが大きな関心事になっていた。

　同時代のケプラー（Johannes Kepler：1571～1630、ドイツ）やデカルト（Rene Descartes：1596～1650、フランス）は、光は有限の速度をもたないと思っていたようであるが、ガリレイは有限であると信じ、その測定に情熱を傾けた。彼は、光は粒子だという信念を持っていた。

　彼が行った光の速さを求める測定は、今から考えると滑稽なほどプリミティブで、1.6kmほど離れた位置にランプとシャッタを置き、一方がシャッタを使って光を相手に送り、相手がその光を見たらシャッタを開いて光を送り返し、それに要した時間で光の速度を求めようというものであった。だが、実験は失敗に終わった。しかしガリレオのすごいところは、その失敗にもめげず、なお、光はとてつもなく速いが有限であるという信念を曲げず（その信念のよりどころは、稲妻の始点と終点が肉眼で認識できることだったらしい）、研究を続けた。

8.3.5　光速実験—レーマーの実験

　ガリレオの没後、1676年、レーマー（Ole Roemer：1644～1710、デンマーク）に

よって光の速度を求める実験が引き継がれた。彼は、木星の衛星が木星自身によって遮られる現象（食）の周期が、地球上の季節によって変動することに着目し、地球の公転距離と木星距離を割り出してその周期の違いから時間を求め、地球と木星の距離の差で割って光の速度を求めた。惑星間の距離を使って、やっと光の速度をそれらしい値で求められるようになった。レーマーが求めた光速は214,000km/sだったそうである。

8.3.6　光速実験—フィゾーの実験

　レーマーの実験は、測定距離を長く取ることによって光速を求める方法であったが、シャッタを短く切る手法を使えば、それほど長い距離を取らなくても光速を求めることができる。

　1849年、フランスの物理学者フィゾー（Armard Hippolyte Louis Fizeau：1819～1896，フランス）は、そう考えて実験を高速シャッタの開発から始めた。彼は、円板に歯車のような形をした切り欠きを等間隔に作り、重力の力を借りて錘で円板が一定の回転数で回る装置を作った。1840年代当時は、電気モータなどない時代で、正確な装置といえば機械時計しかなく、フィゾーは機械時計の原理を高速シャッタ装置に応用した。

　彼の作った高速シャッタは720の切り欠きの円板で構成され、これを毎秒10回転で回した。したがって、このスリットを通る光は、

$$1/(720 \times 10) = 1/7{,}200\,[\mathrm{s}] = 138.89\,[\mu\mathrm{s}] \qquad \cdots (57)$$

の間隔の点滅となった。光の点滅そのものは、切り欠きが等間隔で作られていたので点滅間隔の半分になり、

$$1/(720 \times 10 \times 2) = 1/14{,}400\,[\mathrm{s}] = 69.44\,[\mu\mathrm{s}] \qquad \cdots (58)$$

であった。歯車を通った光は、ある距離L離れた所に反射鏡を置いて、再び歯車に光を戻ってくるように設置し、光の測定距離を2×Lとした。光の点滅が2Lの距離を往復する際に、歯車の隙間を通して光が見えたり見えなかったりするようになる。

フィゾーは、反射鏡と歯車を置く距離を正確に割り出し(8,633m)、歯車の回転数(n回転／秒)を徐々に上げていき、光の点滅の様子を観察して、すべての光が見えなくなる歯車の回転数を求め、これらの値から光の速度を求めた。フィゾーの実験では、歯車の回転数が12.6回転／秒であったので、

$$c = 2 \times 8,633 / (1/720 \times 12.6 \times 2) = 313,274 [km/s] \quad \cdots (59)$$

という結果を得た。

フィゾーの実験には、その最初からフーコーが参加して、彼と共同して光速の測定実験を行っていたが、次第にその関係は悪くなった。1950年には、彼らは別々の実験をするに至り、別々に自分たちの結果を発表するようになった。

8.3.7 光速実験—フーコーの実験

フランスの実験物理学者フーコー(Jean Bernard Leon Foucault：1819～1868)は、フィゾーの実験をさらに推し進めて、歯車に変え、回転鏡を使って実験精度を高め、1862年に298,000km/sという値を得た。

フーコーは、生来病弱で正規の教育を受けておらず、基礎教育は家庭教師によっていた。フーコーは振り子の実験者としても有名で、地球の自転を証明した人でもある。

フーコーは1851年、パリのパンテオンで67mの長さと25kgの錘による振り子でデモンストレーションを行い、時間と共に振り子の振動面が真上から見て時計方向に回転していることを示した。フーコーは、また、ジャイロスコープの発明や、天文学で使う反射望遠鏡の検査手法を編み出した。

8.3.8 光速実験—マイケルソンの実験

アメリカの物理学者マイケルソン(Albert Abraham Michelson：1852～1931、生まれはドイツプロイセン、幼児期に両親と共にアメリカに移住)は、光の干渉原理を利用して、極めて精度の高い光速の測定に従事した。

彼の研究は一貫して光速の精密測定に関連したものであった。彼はその中で、

●●● 光と光の記録［光編その2］— 光の属性・干渉・回折

　エーテルの存在を客観的に否定するデータを出し、彼が作り出した超高精度のマイケルソン干渉計は、実験物理学上の大きな功績となった。彼は、この干渉計から精密な光速を導き出し、長さの基準であるメートル標準を従来のメートル原器から光波長にすべきことを提案した。

　マイケルソンの干渉計は、光学技術者にとって非常に大切なことなので図8-3に示しておく。マイケルソンは、この干渉計を30歳の年、1882年に考案している。この年代はレーザなどなく、量子力学もまだ確立していなかった時代である。光の干渉縞は波長依存性が高いので、使用する光源をプリズムで分光して単一波長の光を取り出している。スリット(S)より射出する光は、コリメータレンズを介して平行光となり、半透明鏡(G1)によって2分岐する。ふたつに分けられた光はそれぞれの反射鏡(M1)、(M2)に入射し、もと来た光路を帰り、再び半透明鏡(G1)で会して観察視野に入る。観察視野では、2分岐された光路長の違い(L)によって干渉縞の数が増減する。その関係は、

$$L = N \times \lambda/2 \quad \cdots (60)$$

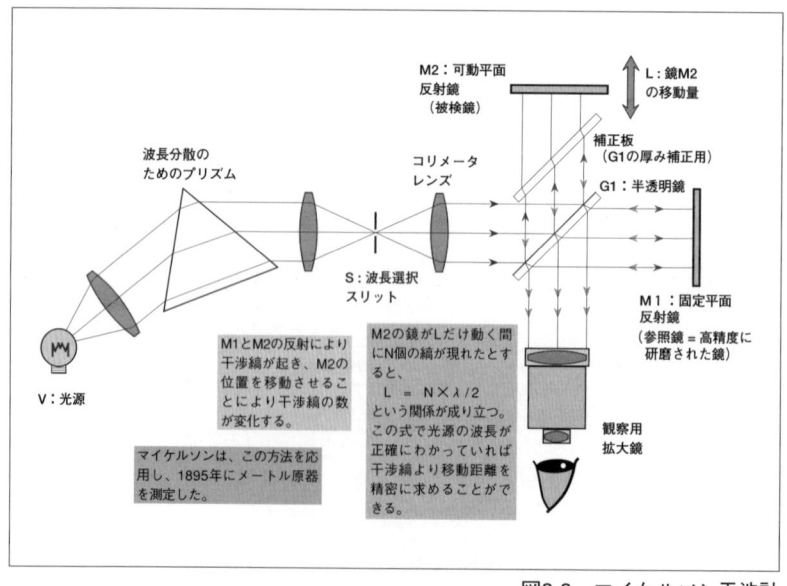

図8-3　マイケルソン干渉計

で示され、使用する光源の波長と干渉縞の数が分かっていれば、被検定鏡(M2)の移動量が分かる。この方法を用いて、1895年にカドミウムのスペクトル線を標準として、メートル原器の長さを測定した。

マイケルソンは、干渉計の考案とそれによる分光学、およびメートル原器に関する研究で1907年にノーベル物理学賞を受賞した。この授賞は、アメリカ人としては初めての授賞であった。マイケルソンは、アメリカ市民であるが元はドイツからの移民であり、アメリカ移住後、大学をドイツに求めて留学しヘルムホルツに師事している。

8.3.9 現在の1メートル

光の速度を、なぜ高精度に求めなければならないのであろうか。これには、物理学的な理由と光学的な理由がある。

物理学の世界では、基本的な量である質量、電気、磁気、エネルギーなどの量の間に光速を仲立ちとした密接な関係がある場合が多い。アインシュタインが定義づけたエネルギー($E = mc^2$)などが好例である。光速は、物理学でいまや根幹をなすものとなっている。光速の精度が上がれば、関連づけられた単位の精度も上がる。工学的な観点からも、光速は大事なものとなっている。なぜなら、光が長さを定義づけるまでになっているからである。メートル原器で定義された長さも、1984年10月の国際度量衡委員会総会で、次のように決定されるまでになった。1960年では、1mはクリプトンの同位体の発するオレンジの波長から求められる、と定義されていた。24年の短い間に次のように変更されたのである。

「1mを、光が真空中を1/299,792,458秒の間に進む長さとする」

この定義のすごいところは、メートルそのものが光速(299,792,458m/s)の数値をそのまま採用していることである。光速が長さの根本になるくらいに安定していて、かつ精度良く求められることの証左である。この定義を基にして、実際にはどのように1mを求めるのであろうか。

長さを求める例を挙げると、次のようになる。ヘリウムネオンレーザとセシウムの同位体133Csを用いた原子時計(9.2GHz)との組み合わせでビートを発生させ、ヘリウムネオンレーザの発振周波数を精密に測定する。原子時計は原子の共鳴で発振するもので、その原理はレーザの発振と極めて似ている。その発振誤差は30万

〜160万年に1秒というものである。その時間と光速を元にして、ヘリウムネオンレーザの波長を正確に求めることができる。つまり、ヘリウムネオンレーザ光の波長が求まれば長さの単位が求まり、波長の数を数えれば希望の長さが求まる。

今後、実際の長さを求める手法にもっと信頼性の高い方法が現れるかもしれない。そのときのために、国際度量衡委員会は、手法で長さを縛るのではなくて、光速をよりどころとして長さを定義し、その手法は時代に任せるとしたのである。いずれにしても、光速が普遍であり信頼性の高いものであるが故に採用された手法であることは間違いないところである。

8.3.10　光の直進を利用した幾何光学

レンズの設計は、光の直進を大前提としている。光が直進する性質は、光学設計を行う上で幾何学が非常にうまくあてはまった。西洋科学が発達する過程でレンズが登場し、プリズムができ反射鏡ができ上がった。その過程にあって、光を幾何学的に扱ったのは、ドイツの天文学者ケプラーである。

彼は、ガリレオの発明した天体望遠鏡に触発され、望遠鏡のレンズ系の研究を行った。その研究成果が1611年、「屈折光学(Dioptrik)」として表された。ケプラーは、自分では望遠鏡を作らなかったが、シャイネル(Christoph Scheiner：1575〜1650)がケプラー式天体望遠鏡を作った。ケプラー以後、17世紀になって、フェルマー(Pierre de Fermat：1601〜1665)、スネル(Van Roijen Willebroad Snell：1591〜1626)、デカルトらによって光の幾何学理論が基礎づけられる。

スネル、デカルトらは光線の反射、屈折の法則を確立し、フェルマーは一般的な光線通過に関する原理(フェルマーの原理)を発見した。これらの基礎は、現在のレンズ設計においても幾何光学として生き続けている。デカルトが考え出した平面の直交座標をデカルト平面と呼ぶ。デカルトは、幾何学の集大成家として知られている。

8.4　光の反射

光の反射は、日常生活で我々がよく体験するものである。水面に反射する風景や太陽は、光の反射の代表例である。鏡に映った自らの顔や体の形も光の反射に

●●● 自然界の光の性質

よって起こるものであり、また、物体が物体として見えるのも実は光の反射によるものである(図8-4)。鏡のようにきれいに反射するものと違って、通常の物体は表面で光を四方八方に反射させている。この現象を光の散乱とか乱反射と呼んでいる。ツルツルの紙は、表面が滑らかなので比較的規則正しい光の反射が起き、光を与える光源部が特に明るく光るスポット状の反射となる。タオルなどのよう

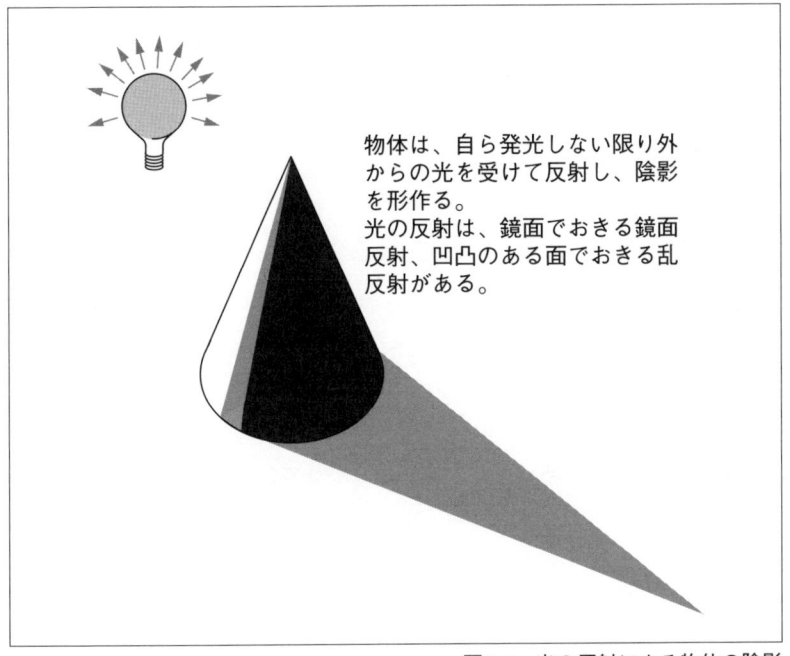

物体は、自ら発光しない限り外からの光を受けて反射し、陰影を形作る。
光の反射は、鏡面でおきる鏡面反射、凹凸のある面でおきる乱反射がある。

図8-4 光の反射による物体の陰影

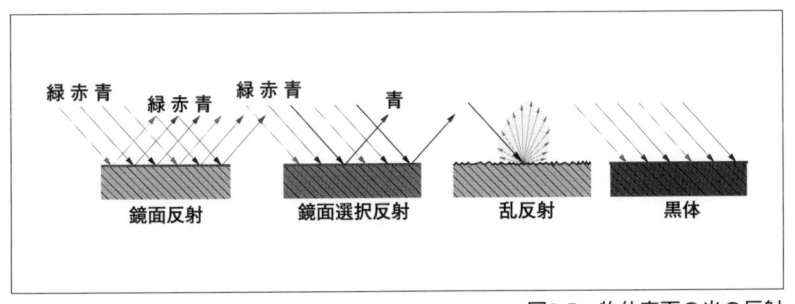

緑赤青　緑赤青　緑赤青　青

鏡面反射　鏡面選択反射　乱反射　黒体

図8-5 物体表面の光の反射

に表面が毛羽立っているものは、光が散乱しやすいので艶のない面になる（図8-5）。

物体には、光を選択的に透過（吸収）したり反射させたりする性質がある。すべての光を反射する物体は白色となり、赤い色を吸収しやすいものは青く見える。すべての光を吸収する物体は黒色に見える。光の反射は、光の直進の性質から考えると分かりやすいかも知れない。

光はまっすぐに進む波であるために、媒質の違う場に入るときに媒質に阻まれて光が直進できず反射が起きる。穏やかな池の水面に石を投げ入れると波面が放射状に広がり、池の縁で遮られて反射を起こす。波としての光は、そうした反射の性質を色濃く持っている。光の反射は、幾何学的な作図によって簡単に光の進む方向を求めることができる。

8.4.1　通り抜ける光、捕捉される光

昔から不思議であったもののひとつに、空気はなぜ光を透過させるのだろう、固体でもガラスは光を透過させるのに、なぜ鉄は光を透過させないのだろう？　というのがあって、ずっと疑問に思っていた。それ以前に、光という波は、振動を伝える媒質がない空間（宇宙）をなぜ進んでくるのかも分からなかった。これは、偉い学者が喧々諤々論じあってきた電磁波という概念で統括できるのだが、年端もいかない少年が理解すること事態が難しいことだと今になっても思う。

それはさておき、固体中を通過する光にとって透過する物体と透過しない物体があるのはなぜなのか、このことは、筆者が小さいころより身近に感じた現象の中でもとても不思議なことであった。透明な物質は、すべての電磁波を透過させるかといえばそうではなく、ある限られた電磁波を透過させるに過ぎない。たとえば、ガラスなどは可視光を良好に透過させるが、40nm以下の波長の短い紫外線は透過せず、1,000nm以上の長い波長も透過しない。光の仲間であるX線は不透明体である金属を透過する。

8.4.2　原子（分子）と光

光が物質を透過する際に、まず理解しておかなければならないことのひとつとして、光には大きさがないことが挙げられる。そして、光は質量をもたず電気的

な性質もない。光は大きさがない反面、エネルギーの固まりとして捉えることができ、光子という塊として数えることができる。

一方、光を遮ったり透過したりする物質は、原子核と電子で成り立つ分子としておおむね説明できる。原子の大きさは、原子核を取り巻いている電子の距離によって決まる。原子核と電子の距離は、原子核の大きさや電子の大きさに比べると驚くほど長い距離になっている。大きさを持たない光にとっては、原子(分子)は簡単に入り込むことができるものであり、素通りできる存在なのである。それが、物質によって遮られるのはなぜであろうか。

そこには、電子が光(エネルギー)を捕縛するという事実がある。電子と光はとても仲が良くて影響を及ぼしあっている。分子を構成する電子が光を捕縛したり跳ね返したりして、光の透過、反射が起きている。

8.4.3 光と電子

電気の根元である電子については不可解な振る舞いが多く、全容は分かっていない。電子は驚くほど小さくて、現在のどんな顕微鏡を使ったとしても見ることができない。電子関連の本を読んでも、電子の属性として電荷[C]、質量[g]の説明はあるものの、大きさについて触れているものは少ない。

電子の振る舞いは雲のようなもので、ぼやけているそうである。原子の周りを回っている電子は、原子核からの距離は特定できるが(その距離で原子の大きさが決められる)、電子1個の大きさは分からない。ちなみに電子の重さは分かっている。電気量も分かっている。しかし、電子1個の大きさは分かっていない。電子が少ないときの電子の振る舞いは、粒子より波としての性質が強くなり、電磁波の領域に委ねなければならない。

原子の大きさは、おおよそ1/1億cm(0.1nm)で、原子核の大きさは1/数兆cmといわれている。この両者の比は1/20,000〜1/30,000になる。約80mmの野球ボールを原子核になぞえると、電子は1,600〜2,400mの遠い軌道を描いて取り巻いていることになる。この観点から見ると、原子は隙間だらけの空間が存在し、(相対的に)広い空間に原子核が点在していて、その周りをせわしなく電子が取り巻き、原子核との量子力学的なバランスを保っていることになる(図8-6)。

そうした原子核を取り巻く電子と、身の回りに溢れる光は密接に結びついてい

光と光の記録［光編その2］― 光の属性・干渉・回折

る。光のエネルギーは電子の活動を活発にし、物質を構成している原子の周りを回っている電子にエネルギーを与える。また、電子は光エネルギーを放出しながら原子核の周りを回る軌道準位を落としている。

　そのように考えると、電気を流さない物質は光の吸収がないため、透明もしくは白色になる傾向があることが理解できる。透明というのは光が複雑な屈折や反射を起こさずに進むことで、白色であるというのは、複雑に屈折したり跳ね飛ばされ反射したりすることである。ガラスは電気的に安定しているので、電子を流すことができない。

　したがって、分子を取り巻く電子は光エネルギーに対しても何も反応しないため、光の吸収が起きずに透過すると考えられる。碍子（ガラス）も絶縁物である。碍子は、内部の結晶粒塊が複雑にからみ合っているために、光は吸収しないものの複雑に屈折するために白く見える。氷は、水が固体になったもので絶縁体であるため電気を通さず、可視光に対しても水分子の電子が作用することがないので透過してしまう。氷の結晶の並びが良くないと、結晶粒塊の境界で複雑な屈折、反射が起きるため白くなる。ガラスが透明なのは、ガラスは結晶体ではなく液体

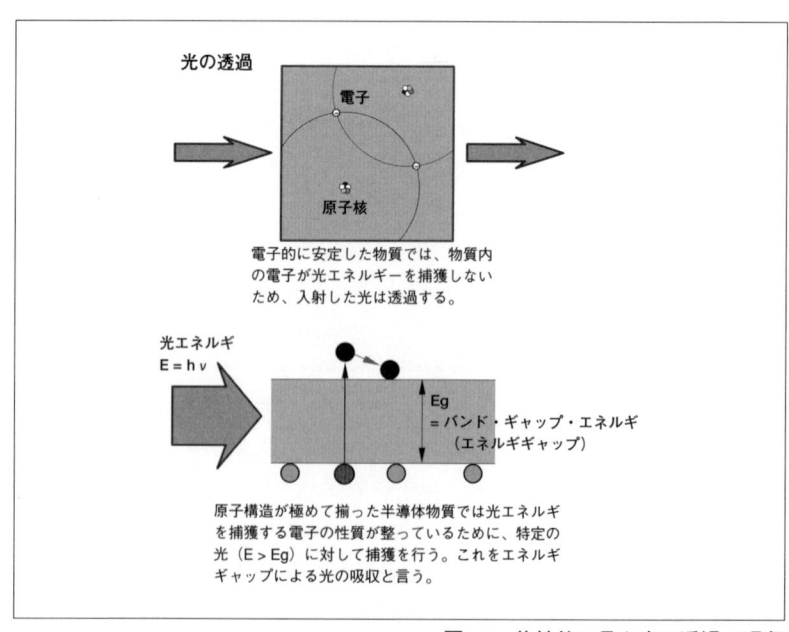

図8-6　物性的に見た光の透過・吸収

(理解に苦しむかも知れないが、固体化した液体、固溶体という)だからである。

金属は、銀白色のいわゆる金属色をしている。この物質は、周りに電子がありすぎて、しかもそのエネルギー準位が高いため光エネルギーを欲しがらない。それに原子も重く密度も高いため、入射する光は金属の表面で弾き飛ばされてしまう。金属が光るのはそのためである。

8.4.4 炭素

炭素は光にとっておもしろい物質である。炭素の粉は真っ黒であるが、きちんと配列した炭素結晶のダイヤモンドは透明である。ダイヤモンドは、炭素元素の共有結合を受け持つ4つの電子の手をすべて原子同士が共有して結合しているため、原子間配列の極めて良好なとても堅牢な結晶体である。このため、外部から電子が入ることがない。したがって、ダイヤモンドは良好な電気絶縁物となり、しかも光エネルギーも欲しがらない透過体となっている。ダイヤモンドは、さらにおもしろいことに、赤外エネルギーを結晶格子の振動という形で受け入れ、速やかに伝達する。自由電子の多い金属銅が電子によって熱エネルギーを伝導しているのに対し、ダイヤモンドは銅金属よりも速やかに熱を伝える。したがって、ダイヤモンドの熱伝導率はあらゆる物質の中で一番良好だといわれている。

炭素は、反面、炭素棒に見られるように黒い物体を作る。炭素棒は、電極に使われているほどに電気を良く通す。同じ炭素でもダイヤモンドと正反対である。炭素棒は黒いので光を吸収する。炭素棒は、炭素原子の持つ4つの電子の手のいくつかが開いているため電子が光を捕捉しやすい性質を持つ。黒鉛(グラファイト)という炭素分子は、平面状に六角形の網目状の原子結合をしているが、立体構造となっていないために滑りやすく平面膜のような組織となっている。したがって、電子の手が上下方向に空いていて自由がきくので、光エネルギーも捕捉して(電子が多い場合は光を受け付けないので反射する)黒い金属光沢の物体となる。もちろん、電子も自由に移動できるので良好な電導体となっている。

炭素結晶でおもしろいものに、C_{60}フラーレン(Fullerene)という球状結晶分子がある。フラーレンは、ちょうどサッカーボールのような六角形と五角形を交互に組み合わせた球形の形をしたもので、炭素原子60個で構成されている。フラーレンは、1985年に発見された。発見した英国サセックス大学クロート(H. Kroto)、

●●● 光と光の記録［光編その2］─ 光の属性・干渉・回折

米国ライス大学スモーリ（Richard Smalley）とカーリー（Curl）は、この功績により1996年にノーベル化学賞を受賞した。C_{60}フラーレンは、60個の炭素原子で分子を形作った球状結晶であるために物性上はとても強固で固い。

しかし、分子を構成する炭素原子は、隣り合った3個の炭素原子と共有結合をしているものの、本来4つの電子の手を持つ炭素原子であるため、ひとつ余ったままの分子構造となっている。機械的にはとても強いが、電子的（化学的）にはとても活発な結晶といえる。したがって、フラーレンは電子の手が余っているため光を捕縛し、グラファイトのように黒い物体となり、電気も良く通す性質を持ち合わせている。

こうした事例から、光を通す物質は、電気を通さない物質が多いことが理解できるだろう。

8.4.5 エネルギーギャップ

半導体分野では、光の透過の性質をエネルギーギャップ（バンド・ギャップ・エネルギー）という概念で説明している。この考え方は、半導体レーザ（「光と光の記録［光編］ 4.11.4 半導体レーザの材料」参照）でも少し触れた。光は、エネルギーであるために物質に作用する。光エネルギーは、波長によってエネルギーの強さ（光子$h\nu$）が変わり、電子と相互作用を持つ。光エネルギーが原子や分子の周りを取り巻いている電子に作用してエネルギーを与えると、その光エネルギーは電子によって奪われてしまうので、光の吸収が起きる。

光エネルギーの吸収が起きない場合は、光エネルギーは透過したり散乱（反射）を起こす。光エネルギー（E）を吸収する度合いは、物質のエネルギーギャップ（E_g）に依存する。光が透過するということは、その物質のエネルギーギャップ（E_g）が可視光（E）に対して高いことを意味している。

$$E(＝入射光) < E_g (＝物質のエネルギーギャップ) \quad \cdots (61)$$

一例を挙げると、窓ガラスの主成分はケイ素で、水は酸素と水素でできている。これらの物質は可視光の持つエネルギー（光子エネルギー$h\nu$）よりも大きいため、相互作用をすることなくエネルギーを通過させてしまい透明に見える。

●●● 自然界の光の性質

　しかし、波長の短い紫外線は光子エネルギーが大きいために吸収が起きて透過を阻止する。ちなみに、X線は多くの物質を透過する。X線はエネルギー（光子$h\nu$）が強いので(61)式の観点からすると物質で吸収されそうであるが、X線は吸収される以上にエネルギーが強いため、電子を弾き飛ばして突き進んでしまう。電子が弾き飛ばされた原子は、電子がなくなるためにイオン化される。逆に、光子エネルギーの小さい赤外線はX線と異なり波の性質が強くなるため、原子（分子）自体を振動させる（格子振動）現象を起こし、透過しづらくなる。赤外線を良好に透過させる物質には、石英、結晶塩化ナトリム、シリコン、ゲルマニウム、サファイア、フッ化カルシウム、フッ化リチウムなどがある。

8.4.6　鏡

　鏡（Mirror）は我々の生活になじみの深いものである。1枚の板の向こう側にこちら側の像が正しく反映されているのは、不思議でもあり愉快でもある。鏡は、光の入射と反射角度が等しいという法則を正しく利用したものである（図8-7、8-8）。

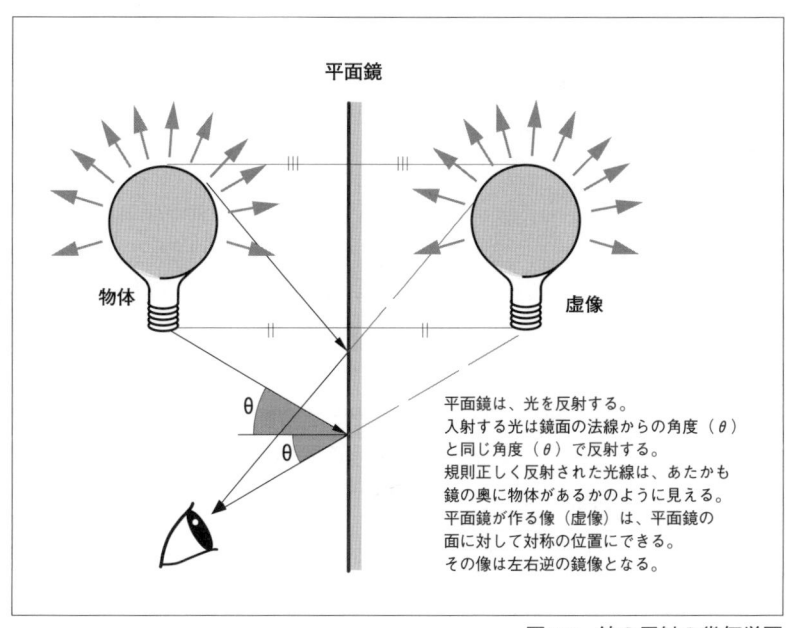

図8-7　鏡の反射の幾何学図

●●● 光と光の記録［光編その2］― 光の属性・干渉・回折

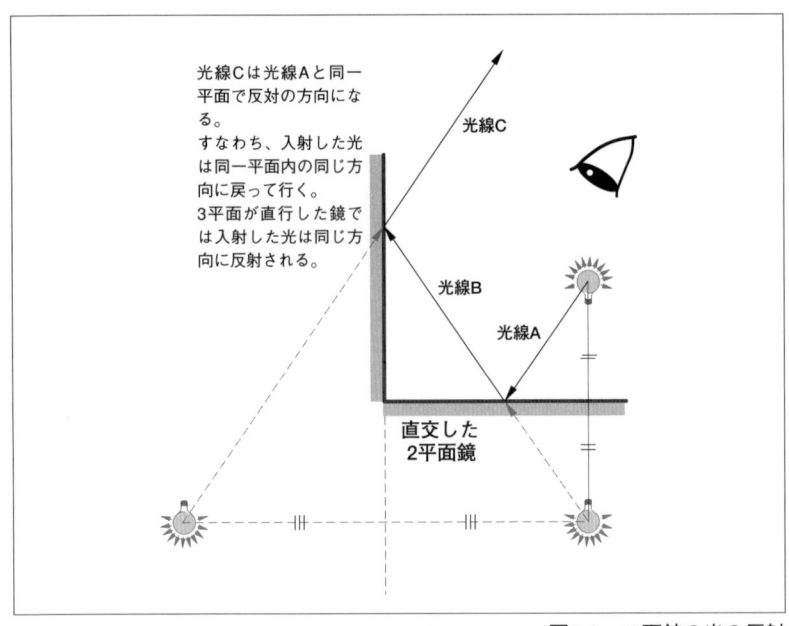

図中ラベル：
- 光線Cは光線Aと同一平面で反対の方向になる。
- すなわち、入射した光は同一平面内の同じ方向に戻って行く。
- 3平面が直行した鏡では入射した光は同じ方向に反射される。
- 光線C
- 光線B
- 光線A
- 直交した2平面鏡

図8-8　二面鏡の光の反射

したがって、鏡は屈折を利用したレンズと違い、色による収差がない。平面の整った金属面を磨き、細かな凹凸を取り除くと鏡面ができ上がる。鉄や銀などはすぐに酸化して反射が鈍くなるが、平面ガラスの裏側に銀を塗布して酸素を絶つと保存の良い鏡ができ上がる。

　現在の鏡は、銀に換えてアルミを蒸着させて鏡を作っている。鏡を作る反射膜としては、銀（Ag）、アルミニウム（Al）、金（Au）、ロジウム（Rh）、銅（Cu）、チタニウム（Ti）などがある。金以下の金属では、可視光領域での反射率が高くなく、吸収が多いのであまり使われない。最近では可視光のみを反射するだけでなく、特定の波長を反射するフィルタミラーや光学系などに使う半透明鏡（ハーフミラー）などの要求も高まっている。

8.4.6.1　保護膜

　鏡に使われるアルミニウムは、非常に酸化しやすい金属である。アルミニウムで鏡を作ると酸化膜（アルマイト）によって鈍い鏡面になってしまうので、表面に

保護膜をもうけて鏡面の劣化が進まないようにしている。アルミニウムの保護膜としては以下のものがある。

・Al_2O_3

酸化アルミニウムはアルミニウムの表面保護に使われている。アルミニウムの酸化を逆手にとった手法である。酸化アルミニウム（Al_2O_3）はアルマイトとも呼ばれるもので、薄膜構造が非常に緻密で、2～3nm以上には酸化が進まない性質をもっている。これを電気処理で厚い酸化被膜にすると、黒いアルマイト処理になる。アルマイトは多孔質であるため、表面に細かい穴がたくさんできている。アルマイトを厚く生成すると穴が深くなり、光がその中に入り込んで出てこられなくなるため黒く見えるようになる。

・MgF_2

酸化アルミニウムは、紫外領域に吸収があるので、紫外線の反射ミラーにはフッ化マグネシウムを使用している。MgF_2を保護膜としたミラーの製作には、真空中でアルミニウム蒸着によりミラーを作り、そのままの状態で保護膜を蒸着させる。

・SiO

酸化シリコンは蒸着しやすく膜自体が丈夫なので、保護膜として一番よく使われている。

8.4.7 反射板

車で夜道を走ると、交通標識などが明るく光って見えることがある。別にランプが埋め込まれているわけでもないのにかなり明るく光って見える。こうした道路標識は、ヘッドランプなどで照らしてやると、ライトが当たる方向と同じ方向に反射するために明るく輝いているのが分かる。この標識のことを視線誘導標と称している。このような標識には、光の反射作用を利用したコーナーキューブ、マイクロプリズム、マイクロビーズを使った反射シートが使われている。

ミラーを直角に立てて2面のミラーを作ると、入射した光は同一面上でもと来た方向に戻っていく。3つのミラーを用いてそれぞれ直角にした立方体を作ると、入射した光は、同じ方向に反射して戻っていく。この3面のミラーを用いた反射体をコーナーキューブと呼んでいる。レーザ測距などでは、ターゲット部にコーナー

キューブを置いて離れた位置からレーザを照射すると、コーナーキューブに反射されたレーザ光がもと来たレーザ発振器に戻ってくるので、同じ位置に検出器を置いて、返ってくるレーザ光からコーナーキューブの位置や、コーナーキューブまでの距離を求めることができる。コーナーキューブを小さくして面状にちりばめたものがマイクロプリズム式の反射板である。

8.4.7.1 再帰性反射(Retroreflection)

　入射した光がもとの方向に反射されることを再帰性反射(Retroreflection)という。反射板のカタログを見ると面白いことに気づく。反射性能を示す値として、今述べた再帰性反射を表す値、Ra = coefficient of retroreflectionという係数が使われている。この値の単位に$cd/m^2/lx$が使われている($cd/lx/m^2$となっている資料もある)。この値は一般の人でも、また、ある程度光学に精通した我々にもよく分からない値である。こういうあまり分からない単位を、何の説明もなく掲載されても理解に苦しんでしまう。

　この値は、色彩に関する規格を策定しているCIEと呼ばれる機関が作ったCIE Publication No.54(TO-2.3)に従って測定されているようであるが、その測定の仕方も単位の取り方も筆者は理解していない。

　カタログの数値から判断すると、入射光と反射光の角度が狭いほど大きな数値となっていて、300〜500ほどの値となり、角度が広くなると低い値の100〜150程度になっている。これは筆者の想像になるが、白い紙を置いたときの反射輝度と反射板を置いたときの再帰性反射輝度の比が、再帰性反射値(coefficient of retroreflection)になっているものと思われる。入射光をlxで表して、入射光による反射輝度をcd/m^2で表し、その比を取るために$cd/m^2/lx$となっているものと考える。

8.4.7.2 スコッチライト

　スコッチライトは、3M社の登録商標である。反射テープとして、ジョギングシューズやレインジャケット、自転車の反射テープ、光学センサの検出用として対象物に貼る目的などに使われている。スコッチライトは、プラスチック製の小

図8-9 スコッチライトマーカ

さなビーズ状の粒子を、支持母体の上に吹き付けてシート状にしたものである。支持母体とビーズ状の球形粒子で入射した光を同じ方向に反射させている。その明るさは、白い紙に比べて700～1,000倍の明るさを持つ。スコッチライトはテープ状になっているので、任意の形にハサミで切って対象物に貼り付けることができる。

図8-9にある球形の反射マーカは、30mmのボールにスコッチライトをちょうど地球儀の地図を貼り付けるように貼り合わせ、球形の反射マーカを作ったものである。被写体に、この反射マーカを貼り付けてカメラ側から光を照射すると反射マーカが明るく光るため、撮影後、反射マーカを測定して運動解析を行うのに都合が良い。

8.4.8 光の反射率

光が異なる媒質から反射する場合、反射率はどのくらいであろうか。媒質境界面で反射する割合は、以下の式で表される。

$R = 100 \times (P-1)^2/(P+1)^2$ ・・・(62)

　R：反射率
　P：媒質間の屈折率の比（空気や真空中との比であれば媒質の屈折率）

$P = n_2/n_1$

n_1：媒質1の屈折率（光を入れる側）
n_2：媒質2の屈折率（光が入る側）

ただし、この式は入射する光が垂直に入るときの場合であって、斜めから入射するときの反射率はこの限りではない。斜め入射する場合には、「偏光」という現象も現れる。偏光に関しては、項を改めて紹介する。

この反射率を求める式から、屈折率が高いものほど界面での反射が大きいことが分かる。たとえば、水の屈折率は$n = 1.333$であるため、反射率は2.04%となる。光学ガラス（BK7）では、$n = 1.516$であるため反射率は4.2%、ダイヤモンド（$n = 2.417$）では17.2%の反射となる。このように、ダイヤモンドはかなりの反射をすることが分かる。屈折率の強い媒質から弱い媒質へ出るとき（たとえば、ガラス内部から空気中へ光が出るとき）、光の反射はどのくらいになるか。この場合も(62)式にあてはめて考えてみると、Pの値が1以下の小さな値となるものの、反射率は同じ値となって、水から出る光の反射率は2.04%、光学ガラス（BK7）での反射率は4.2%、ダイヤモンドでは17.2%の反射となる。

つまり、異なった媒質に入るときに反射される量と、再び同じ媒質に抜け出るときに反射される量は同じとなる。したがって、ガラス窓に入る光の約4%は反射されて再び抜け出るときも96%の光の4%が反射を受けるため、合計$0.96 \times 0.96 = 0.922$、つまり92.2%の光しか透過せず、7.8%の光がガラスの両面で反射されてロスしてしまう。ということは、ガラスが何枚もある場合、どれだけの光が反射によってロスするかというと、

$R_t = 100 \times [1 - (1 - R/100)^{2m}]$ ・・・(63)

R_t：複数層（n層）の媒質を透過する光の総合反射率
R：媒質の反射率（%）
m：透過する媒質（ガラス）の層（枚）数

という式があてはまる。この式の意味するところは、たとえばコーティングのない眼鏡では、8.2%の光量がロスし、3枚程度のレンズで構成された対物レンズでは、22.7%の光量ロスが起きる。また、3枚の対物レンズと3枚のレンズで作られ

た接眼レンズを組み合わせた望遠鏡では、40.2％の光量ロスが起き、入射する光は半分程度まで減ってしまう。このことから、レンズを多く使うズームレンズでは、コーティングを施さない限り実用に耐えないことが分かる。

媒質界面の反射を抑えるためにコーティング(反射防止膜)という手法がある(詳細は「8.7.2 薄膜による光の干渉の考え方」参照)。コーティングは、光の干渉から応用されたものである。反射率の原理からコーティングの効用を述べると、たとえば、空気とガラスの境界面に、空気とガラスの中間の屈折率(正確には$1/\sqrt{2}$)をもった媒質を光の波長の1/4の膜厚で処理すると、反射が極小となる。

8.5 光の屈折(Light Refraction)

筆者が最初に光学らしいことを学んだのは、中学校時代のガラスの屈折という教材だったと記憶する。白い紙の上に厚いガラス板を置いて、ガラスの一方の側に2本の虫ピンを使い、任意の角度をつけて白い紙に突き刺した。ガラスを通して反対側から最初に立てた2本の虫ピンが一直線になる方向を見極めて、見る方向(反対側)から2本の虫ピンを刺す。こうしてガラス板をとって、ガラスを挟んで突き刺した白い紙の上の合計4本の虫ピンの位置を定規で結んで光の光路を図式化し、ガラスによって光路が直線とならずに曲がっていることを理解した。

その実験では、作図によってガラスの屈折率まで求めた。光との関わりは、その実験以前にも虫メガネを使った拡大観察や、太陽光を集光して黒紙を燃やす実験を行っていたが、学問としての実験らしい実験はガラスの屈折実験が初めてだったような気がする。

この実験とは別に、水面下に落としたコインが浅い所にあるように見えたり、夏の熱いアスファルトに水たまりのような光の陰(逃げ水)ができたりする現象が、実は光の屈折という性質であることも学んだ。本の中で蜃気楼の話が出てきたときは、何だかすごく怖い気持ちになった記憶がある。プールに入った人の体が随分と縮んで見えたのを面白く見ていた記憶もある。このように、光の屈折現象は私達の身の周りにたくさんある。

光の屈折や反射を扱う学問は、かなり昔から体系づけられていて、幾何光学という分野が確立した。光の屈折を利用していろいろな光学器械が発明された。レンズもこの恩恵を受けた人類の大きな財産である。

●●● 光と光の記録［光編その2］― 光の属性・干渉・回折

　幾何光学という学問は、光の直進、反射、屈折だけに焦点を絞り、これ以外の光の性質、たとえば、回折、干渉、偏光などは別の課題として位置付けている。幾何光学は、光をひとつの線とする、つまり光線を図面上で扱い、幾何の対象として学問付けたものである。この学問は、近代になると光の性質が深く掘り下げられるようになったため、光を扱う領域が狭くなってきて、古典領域の位置付けがなされるようになった。しかし、レンズやミラーなどを組み合わせて光学系を設計する場合や、レンズそのものを設計する際には、今なおなくてはならない考え方として光学器械の設計のみならず、電子顕微鏡や粒子加速器の設計などにも活かされている。

　幾何光学のはじまりは古い。幾何数学を唱えたギリシャのユークリッドは、自然界のひとつの法則として、光の直進と反射を題材にした光の幾何学性を立証した。光の屈折に関する研究のはじまりは、17世紀後半のルネッサンス後期といわれている。屈折の法則を最初に突き詰めたのは、フランスの哲学者で数学者のデカルト(Rene Descartes：1596〜1650)である。光の屈折の研究に関しては、デカルト以前にオランダのスネル(Van Roijen Willebroad Snell：1591〜1626)という人が、1615年に実験データを整理して法則を解き明かしていたが、どこにも公表しなかった。この法則は、デカルトがライデン大学にスネルを訪問していたことから、光の屈折の法則に関する先取権が取り沙汰された。我々は屈折の法則をスネルの法則と習ったが、フランスの教科書ではデカルト・スネルの法則としているものが多い。

8.5.1　虹(Rainbow)

　虹は、おそらく光学の事始めとしてはとても興味ある自然対象に違いないであろう。あまり頻繁には現れない珍しい部類に入るこの現象が、太陽の位置する天空の反対側にかかるのを見ると、とても晴れ晴れとした気持ちになる。虹は、太陽が出ていないと現れず、同時に、太陽の反対側に雲がかかっている所(正確には水滴が浮遊している方向)に円形状に表れる。日本では虹は7色と決まっているが、筆者自身7つの色を数えたことはない。現実の虹は、円形状に内側から紫、青、緑、赤と続いて見える(実際はもう少し複雑で、中央部に黒い帯を挟んだ二重の虹になり、その色は対称になっている)。

●●● 自然界の光の性質

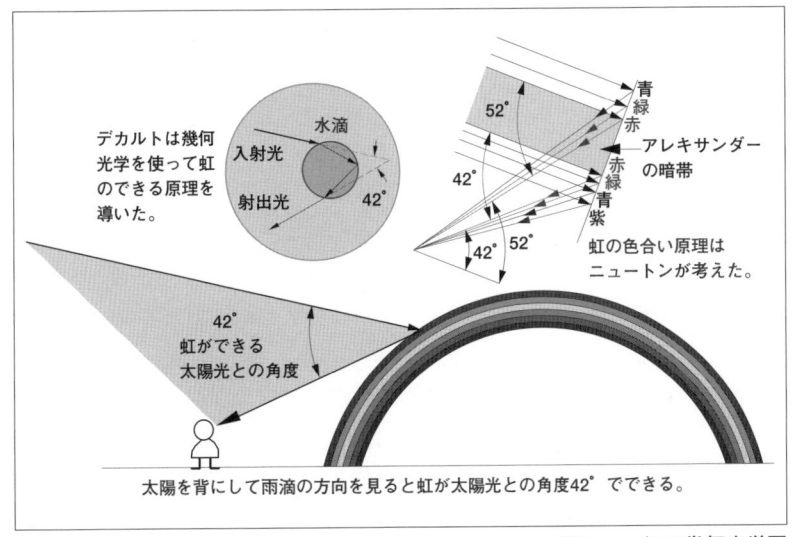

図8-10　虹の幾何光学図

　虹は、実は空気中に浮遊する雨の水滴に太陽光が当たり、水滴の屈折によってでき上がったものである。虹の面白い現象として、虹は見る位置から42°の円を描いて見える(図8-10)。これは、筆者自身はまったく意に介さなかったことであるが、古代の人達はこの事実を知っていた。

　その正体を突き止めたのは、フランスの数学者(正確には哲学者)デカルトである。デカルトは、幾何学に明るく座標の概念を確立した人として有名である。光の屈折を明らかにした初期の人として、このデカルトとオランダの数学者スネルが挙げられ、彼らに続いて、イギリスの物理学者ニュートン(Sir Isaac Newton：1642〜1727)が「光学(Opticks←綴りに注意！)」を著した。これにより、彼らの研究によって光の屈折が体系付けられて幾何光学の一応の完成を見たが、デカルトは光の屈折原理を説明する格好の材料として、みんながよく知っている虹を引き合いに出したのである。彼は虹の説明をするにあたり、光の屈折理論を用いて幾何学的に説明した。その説明の前提条件になったのが以下の項目である。

・虹は、雨滴に太陽光が当たって生じる。
・雨滴は球形とする。雨滴の大きさは虹の発生に関係ない。

デカルトは、理論式を導き出す前に模擬水滴を用意した。大きな球形のガラス瓶に水を満たし、これに太陽光を当てて光路の実験を行った。彼は水の屈折率を1.337として計算し、球形内部で屈折反射して出る1次光が光の入射に対して41°47′の角度で射出し、2次光は51°37′となることを突き止めた。

だが、デカルトは虹の発生が太陽光と球形の水滴による屈折反射にあるという考えを証明したものの、なぜ虹色に見えるかの説明はできなかった。これを説明したのが、イギリスの物理学者ニュートンである。ニュートンは1666年にプリズムによって白色光を色別に分解し、それを再び集めて白色光に戻すという実験を行い、白色光が多くの色を持った光でできていることを示した。ニュートンは、色別に水の屈折率を測定して、太陽光が多数の光に分散するという虹のでき具合を特定した。さらに、虹には主虹と副虹の2種類があって、ふたつの間には屈折光が介在しない領域(アレキサンダーの暗帯)が存在し、ふたつの虹はそれぞれ色の順序が逆になっていることを突き止めた。

こうして虹の正体が自然科学の手法によって魅惑のベールを剥がされることになったが、デカルトとニュートンの理論で虹のすべてが解き明かされたわけではなかった。虹は、プリズムで分光したときのような鮮やかな色合いと比べ褪せたようなぼんやりしたもので、時にはほとんど着色しない虹(白虹)が認められている。また、過剰虹という別の虹が主虹に隣接して下方に現れたり、時には重なって混色が起き、主虹に黄色の帯が太く現れたりすることがある。

このような自然現象を解き明かすべく、さらに深く突っ込んだ考察がなされた。ニュートンらの業績を引き継いだ、同国人トーマス・ヤング(Thomas Young:1773～1829)やエアリー(George Biddell Airy:1801～1892)ら第一級の物理学者らが再度自然界の虹に着目し、デカルトが当初定義した「雨滴の球形は大きさに関係なく虹ができる」という仮定を洗い直して、粒径を考慮した新しい波動光学理論(光の干渉を扱う)を編み出し、これらの因果関係を説明した。

ヤングは、1804年に波動光学理論(この理論はニュートンの光の粒子説に真っ向から対立する考えであった)を完成する。この完成にあたっても、自然界の「虹」の解明を応用命題にしたことを思うと、「虹」がもたらした科学の恩恵は大きいものがあると言わざるを得ない。

8.5.2 ハロー現象―罫日暈(ひがさ)、月暈(つきがさ)halo

　夜、本稿を考察しながら外を歩いていると、見上げた空が、満ちる月に薄い雲がかかっておぼろ月だった。よく見ると、ぼやけた月の周りに明るい光の輪ができているのに気が付いた。これは月暈と呼ばれる現象で、薄い雲を通して見える月は、霞がかって月の周りに光の環をなしていた。なおも注意深くみると、その環は外側が幾分赤くなっていた。

　この現象は、雲が高い位置にあるとき(5,000〜10,000mにある巻層雲、白くて薄いベールのような雲。氷の粒で成り立っている)、その雲にある氷の粒(六角柱形状)で月の光が屈折を起こし、光の輪を作るそうである。したがって、この現象が起きるのは雲が薄くて、しかも水滴ではなく氷の粒でなければならないことが分かる。この現象は、ハロー(Halo Phenomena)現象と呼ばれるもので、氷の結晶中に光が入って屈折して出るため、月や太陽の周りの22°の半径で光の輪が生じる。そして、ハローはもうひとつ46°にも光の輪を作る。ちなみに、暈(かさ)を作らない高層雲と呼ばれるおぼろ雲では、法則性のある光の屈折はせず、単に光を散乱させるだけである。球形の水滴が42°の角度で光を屈折させて「虹」を作り、六角形の氷の粒が22°でハローを作るのは興味のあるところである。

8.5.3 蜃気楼、逃げ水(mirage)

　筆者は蜃気楼を見たことがない。随分と神秘的なものであろうと想像する。しかし真夏のアスファルトに見える逃げ水や、陽炎(かげろう)は何度か体験した。蜃気楼は富山湾が有名である。

　蜃気楼や逃げ水は、大気の密度変化による屈折現象である。太陽で熱せられた空気がひとつのプリズム(もしくはレンズ)を形成して、地上の風景をあたかも別の方向にあるように見せる現象である。したがって、こうした現象は空気が熱せられる暑い夏場に発生する。砂漠などに現れる蜃気楼は太陽が砂漠を熱し、その熱が大気に昇って暑くなり、空気の屈折率を変えるために空が地表に現れて水と錯覚する現象である。ナポレオンがエジプトに遠征した際、従軍したフランスの数学者モンジュ(G. Monge)が初めてこの現象を書き著したので、「モンジュの現象」とも呼ばれている。

砂漠やアスファルトの熱せられた地面とは反対に、極地の海面や冷たい雪解け水が湾に流れ込む地域では、海面の温度が低くて上に行くに従って大気の温度が高くなる状態になる。このような場合にも、地表のものが持ち上がって空中に浮くという現象が見られる。この現象を初めて著したのがイギリスのビンズ(S. Vince)であったため、彼の名前をとって「ビンズの現象」と呼んでいる。この現象には、富山湾の蜃気楼が当てはまる。蜃気楼は4～5月ごろ、立山などの雪解け水が富山湾に流れ出し、海面の温度が低下して上空に暖気が入り込むと現れる。北海道のオホーツク海沿岸で流氷の季節に現れるものは、「幻氷(げんぴょう)」と呼ばれている。

九州の八代海と有明海で見られるこの現象は、「不知火(しらぬい)」と呼ばれているものであり、漁り火が空気の屈折現象によって水平方向にいくつか別れ、それが明滅する現象である。不知火は、月のない真夜中の午前3時ごろ＝大潮の干潮(新月の干潮)時、漁り火の多い旧暦8月の初めと12月の終わりによく見られるそうである。遠浅の干拓地帯は潮が引くと温度が下がるが、沖の海水は地面より温度が下がらないため、双方で約3度の温度差があるときや、そこに風が吹くとき、周りの海域には温度差(密度差)のある空気の塊が多数でき上がる。そして、それがレンズの役割を果たして漁り火を屈折させ、左右に分岐させたりひとつになったり、明滅させたりする。これは、幻想的な現象である。夜空の星の瞬きも大気の揺らぎによる屈折によって起きるが、星は本来は点滅していない。大気の一定しない温度が、屈折率を変えて星光の揺らぎを誘うのである。

8.5.4　屈折の意味するもの──なぜ光は曲がるのか？

以上のような自然現象を見てみると、光には屈折する性質があることがよく分かる。光は直進する、という前回までの話とは裏腹に、光がグニャっと曲がるのはどうして起きるのだろうか。両者の関係には、どういう決まりがあるのだろうか。

媒質中に密度差があると、光は直進せずに進路が曲げられる。私達の身の周りに起きる光が曲がる(屈折する)という現象は、実は、光の透過する速度が変わるために、結果的に光が曲がるように受け取られている。光の本質は直進である。しかし、光はさまざまな振る舞いをするために、その属性を定義するのにいろい

自然界の光の性質

ろな考えが提案された。それが光の粒子説であり、波動説であり、光量子説であり、電磁波説である。我々は、光の性質を論ずるときに都合のよい光の定義を引っ張り出し、直面する問題に当てはめて納得しようとする。光の本質は、電磁波という位置付けで良いように思う。ただ、その考え方は分かりづらい。光を小さい世界で見るときには、粒子として振る舞う性質が出てくるために、光子として扱ったほうが理解しやすい。しかし、光の屈折を考えるときは、波としての性質を利用したほうが分かりやすいのである。

電磁波は真空中を光速で伝播する性質があり、媒質が変わるとその速度が変化することが知られている。光は、まさに電磁波であるから真空中では光速で移動し、媒質の中では速度を落として進む。光が媒質中を透過するときに、なぜ速度が弱まるかは筆者自身よく分かっていない。媒質中の原子(電子)との相互作用によって、光の運動が拘束されているのだろうと想像する。電磁波の仲間である無線などに使われる電波も同じような特徴がある。

また、電磁波と似たような性格を持ったものに音波がある。しかし、音波と電磁波の決定的な違いは、音は真空中を伝わらないのに対し、電磁波は真空中を伝わり、なおかつ真空中での伝播が一番速い。音波は、媒質の振動によってエネルギーを伝えるのが基本であるのに対し、電磁波は媒質を振動させてエネルギーを伝播するという性質は低い。低いといったのは、電磁波は媒質を振動させる力も十分に持っていて、電子レンジのマイクロ波は、物体の水分子を振動させるのに十分な力を持っている。また、赤外線も分子を振動させて熱を発生させる力があり、場合によってはその力が無視できない場合がある。

電磁波は高速で伝播する性質があるが、音波の伝播速度は、媒質の振動する属性(能力)に依存する。音は、空気よりも分子が密に集まっている液体のほうが速く伝わり、固体のほうが液体よりも速く伝わる。金属で一番音を速く伝えるのはベリリウムである。ベリリウムは、原子の中では4番目に軽い元素で、金属の中ではリチウムの次に軽い金属である。リチウムは活性の強い金属なので単独では使いづらく、比較的安定したベリリウムが音響関係の材料として使われていた。しかしベリリウムは毒性が強く、粉が呼吸器系を侵すことから、ベリリウム単独では使わない方向になってきている。以上から、音は媒質に依存して伝播することが分かるだろう。

音と違って電磁波(光)は、媒質が密なほど速度が減ぜられる傾向にある。光は

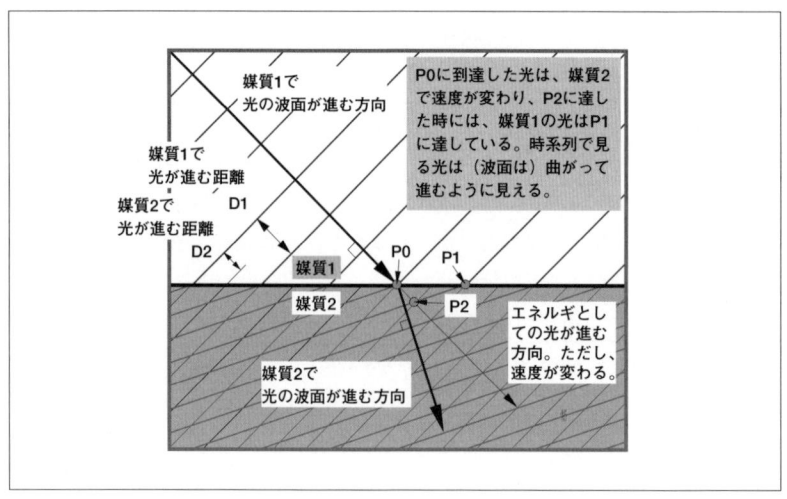

●●● 光と光の記録［光編その2］― 光の属性・干渉・回折

図8-11 光の屈折の原理図

気体のみならず、液体、固体に対しても比較的良好な透過を示すが、音は、空気から水、固体へはそれほど良好な透過を示さない。また面白いことに、光の仲間である電波も空気から水への透過は苦手である。電波が水中に入る際には極端な減衰が起き、電波による空気から水への送受信限界は、わずか数cmの深さだといわれている。海底に潜む潜水艦を海上から探査するとき、ソノブイ(sono bouy：超音波を発して海面下の移動物体を認識し、それを海上の探査飛行機に無線送信するブイ＝浮標)が利用されるのはそのためである。最近では、潜水艦の探査のために海上からレーザを海面下に照射してセンシングする手法も開発されてきている。このことは、光のほうが電波よりも水への入射が楽であることの証である。

さて、媒質が異なると光はなぜ曲がるのかの説明に入る。図8-11に光の伝播の概略を示す。ここでの絶対事実は、媒質が変わると光の速度が変わるということである。なぜ、光の速度が変わるのかという疑問はここでは深く触れない(筆者もよく分からず説明が難しいので)。ある方向から入射した光が点P_0で別の媒質に入るとする。P_0から媒質2に進む光は速度が減ぜられて、媒質1ではP_1の位置にきている同一時間の波面も、媒質2ではP_2の位置にしか進まない。その比は、D_2/D_1となる。したがって、同一時間軸で見た波面は媒質1と媒質2ではずれた位置になり、結果的に光が曲がって見えるようになる。

8.5.5 光の速度が変わる理由─電磁波

前項で、媒質によって光の速度が変わることを述べた。その理由を少し補足したい。光の屈折率は、以下に述べるように、媒質間の光の速度差であるというのは興味深い。光が電磁波であるからこそ、媒質によって伝播速度が変わる。電磁波は、電界と磁界の波の合成されたもので、それぞれの波は進行方向に対して直角であり（したがって、光は横波である）、かつ互いの波も90°の角度（直角）の関係を保って進む。電磁波は電界の時間的変化に応じて電界に直角に磁界を生じさせ、電界（磁力線）が動けば磁界ができる。

このようにして電磁波は、真空中を媒質なしで自らを切り開きながら、しかも最高の伝播速度（光速）で進むと考えられている。これが、イギリス人（スコットランド人）物理学者マクスウェル（James Clerk Maxwell：1831〜1879）が唱えた電磁波理論である。

電磁波の進む速度の定義のひとつに、以下のような公式がある。

$V = c/\sqrt{(\mu_s \times \varepsilon_s)}$ ・・・（64）

V：位相速度［m/s］
c：真空中の光速［m/s］
　　＝2.99792458［m/s］
μ_s：媒質の比透磁率
ε_s：媒質の比誘電率

この式の意味するところは、電磁波の伝播は比透磁率（specific magnetic permeability）と比誘電率（relative dielectric constant）がともに1のときに光速になることを示している。両者の値は通常1以上の値であるため、媒質中を伝播する電磁波は光速以上にはならない。比誘電率とは、真空状態の誘電率（ε_0）を1としたときの媒質の誘電率の割合で、真空状態で電子が相互に及ぼす力（クーロン力）の定数（ε_0＝8.854E－12 F/m）の比で示される。この値は、電気素子のコンデンサ容量を求めるときにも使う。

したがって、この値が大きいほどたくさんの電気をためることができ、絶縁体ほどこの値が大きくなっている。絶縁体のことを誘電体ともいい、誘電率を示す

媒質	媒質の比誘電率（ε_s）	比透磁率（μ_s）
真空	1	1
空気	1.0006	1
水	81.6	1*
ガラス	5 - 10	1*
ゴム	2.0 - 3.5	1*
鉄	-	500 - 5000
アルミニウム	-	1.0002

（*：出典の根拠がなく記したものである。多くの文献には、磁性体でない物質の比透磁率は1であるとあったので1とした。鉄とアルミの比誘電率は調べきれていない。）

表8-1　媒質の比誘電率（ε_s）と比透磁率（μ_s）

英語の表記dielectric（di-electricともいう）は、絶縁という意味である。英語の語感からすると電極がふたつ（di）に分かれるという意味があるので、帯電しやすい意味にもとれる。この値（比誘電率）は、物質内での電子の振る舞いのしやすさを表す目安とも受け取られる。また、電子が相互に力を及ぼしあう値であるため、この値が大きいほど電子の振る舞いを抑制するものとも考えられる。この考えが、電磁波の動きを抑制するという考えにつながっている。

　比透磁率は、磁場での電子の受ける力の割合を示すもので、真空中の透磁率を1としたときの比で表す。この値は、磁束の通しやすさの目安になる。真空中での透磁率は、

$$\mu_0 = 4 \times \pi \mathrm{E} - 7 \ [\mathrm{Wb^2/N \cdot m^2}] \quad \cdots (65)$$

となる。ちなみに、$\sqrt{(\varepsilon_0 \times \mu_0)}$は、光速となる。

　この式から、電磁波は、電界と磁界の相互作用で進んで行くことが分かり、比透磁率と比誘電率の高い物質では伝播速度が減ぜられることが分かる。光も電磁波であるから、この式があてはまる。この式から、光は電子と密接に関わっていることが理解できる。

　誘電率は、電気のためやすさの目安で、電気を通しやすい目安は導電率で表す。液体では、誘電率が高いほど電解質を溶解する力が大きく、誘電率の高い水はいろいろな溶液を作ることができる。

8.5.6 屈折率(refractive index)

　屈折率とは、光の曲がる度合いを示したものであるが、前述の説明から「光の進みやすさ」を示した値といえなくもない。光学の本を紐解けば、光学材料の屈折率は一目瞭然に紹介されているので自分で実験して調べる必要もない。屈折率の本当の意味は、以下の式から導かれる。

$n = c/v$ ・・・(66)
　　n：媒質の屈折率
　　c：光速
　　v：媒質中の光の速度

　この式からも分かるように、光速が得られる媒質の屈折率は1となる。空気は屈折率が1.000293であるが、光学設計では便宜上、屈折率を1として計算している。面白いことに、屈折率は光の波長によって値が変わる。つまり、媒質は透過する波長によってその速度を異にしている。総じて、青色波長のほうが赤色波長より速度が遅いため、屈折率は高い値となっている。光を透過する物質は、なぜ波長によって透過速度が変わるのであろうか？（＝屈折率が変わるのだろうか？）この部分は、筆者もよく分かっていない。波長の短い光は、エネルギーが高く媒質の相互作用が強いために速度が遅くなるのであろうか。

　一般的に物質の屈折率を示すとき、D線（$\lambda = 589nm$）をもとにした数値が多く使われる。D線というのは、ナトリウムガスから発せられる指向性の強い黄色の光で、比較的簡単に単色光源が取り出せることから、光学を扱う検定用の単色光源として非常に重宝されていた。ナトリウム光源は、レーザが発明されるずっと前からあり、光学の世界に多大なる貢献をしてきた。ちなみに、ナトリウムの光線をなぜD線と呼ぶのかについて触れる。

　ドイツの科学者フラウンホーファー（Joseph von Fraunhofer：1789〜1826）が太陽のスペクトルを測定していたときに、太陽光線の中に多数の暗線（フラウンホーファー線）があるのを発見し、600本ほど発見した中で（現在では数千本あるといわれている）特に暗線の著しいものを選んで、ローマ字の頭文字（A、B、C、D、E、F、G、H）をふった。頭文字の線と色は次のとおりである。

A線(濃赤)、B線(真紅)、C線(橙色)、D線(黄色)、
E線(緑色)、F線(濃青)、G線(藍色)、H線(すみれ色)

　この割り振りの中で、光学測定でよく使われていたナトリウムランプの光線がD線にちょうどあてはまったので、D線と呼ばれるようになった。このような理由から、屈折率を示すときは、D線の単色光を使った値が一般的となった。また、光学設計をするときは、D線1本だけの波長のみでは収差などの補正ができないために、他の波長を考慮した光学設計が行われている。このときに使用される光線が、水素発光によって簡便に取り出すことのできる橙色のC線と濃青のF線であったことから、C線、D線、F線の3線による屈折率表示とその光線を使った光学設計が行われるようになった。レンズで2線の光学収差を行ったレンズをアクロマート（Acromatic lens)、3線で光学収差を行ったレンズをアポクロマート（Apocromatic lens)と呼んでいる。アポクロマートは、収差のよくとれた良好なレンズで高価である。
　光学ガラスの発達と光学設計の進化は、ドイツ人アッベ(Ernst Abbe：1840〜1905)の功績が多大である。彼が採用したアッベ数(Abbe Value)は、3つの波長の屈折率を使って端的に光学ガラスの屈折率性能を言い表わすことができる数値として、光学設計にはなくてはならないものとなっている。このアッベ数を求めるのに、先に述べたC線、D線、F線の3本の波長が使われている。

$V = (n_D - 1)/(n_F - n_C)$　・・・(67)
　　V：アッベ数（逆分散率）
　　n_D, n_F, n_C：D線、F線、C線における物質の各屈折率

　アッベ数は、数値が大きいほうが色によるプリズム効果が低く、プラスチックレンズ（眼鏡レンズ）などではアッベ数が40以上であればクリアで鮮明に光が透過する。これよりも低いと滲んだような像となる。
　表8-2の屈折率表を見ると、面白いことに気づく。というのは、基本的に気体の屈折率は液体よりも小さく、空気の屈折率に近くなっている。また、固体の屈折率は液体よりも大きな値となっている。大雑把な捉え方としては、空気の屈折率が1で、水などの液体が1.3、ガラスなどが1.5で、硬そうな光学ガラスが1.7程度、

自然界の光の性質

物質	屈折率（nD）	物質	屈折率（nD）
空気	1.0000293	石英	1.5443
水	1.333	岩塩	1.5442
水素	1.00013184	サファイア	1.768
砂糖溶液（5%）	1.341	BK7	1.5168
砂糖溶液（30%）	1.376	SF13	1.7408
海水	1.343	蛍石	1.4339
水（0℃）	1.309	ダイヤモンド	2.4173

表8-2　物質のD線における屈折率

物質	C線の屈折率（nC）	D線の屈折率（nD）	F線の屈折率（nf）	分散（nF - nC）
ダイヤモンド	2.41000	2.47173	2.4354	0.0254
BK7	1.51385	1.51633	1.52191	0.00806
蛍石（CaF2）	1.4325	1.4339	1.4371	0.0046

表8-3　C線、D線、F線における屈折率と分散

一番硬いダイヤモンドが2.4という数値になっている。
　また、波長別に屈折率を見てみると、赤色波長よりも青色波長の方が屈折率が高く、屈折率の差（分散）は、光学ガラスや光学結晶の場合、ダイヤモンドが一番高く、ホタル石が一番低い値となっている（表8-3）。プリズムで光を分光する場合、屈折の高いダイヤモンドを使うと光の分離がうまくいくはずである。ただ、ダイヤモンドのプリズムは高価であり、回折格子を使った分光のほうが精度が出るので、ダイヤモンドを使ったプリズムは現実には使用されていない。しかし、ダイヤモンドの屈折力の強さは、入射した光を強烈に分解し（分散し）色とりどりの光を作り出すので、宝石としては非常に価値あるものとなっている。
　ホタル石（Fluorite＝フッ化カルシウム）は、屈折率が1.43近傍で紫外から赤外に至るまで一様な屈折率をもつ光学材料であるために、レンズを設計する上でとても貴重なものであった。特に、焦点距離の長いレンズを作る際には色収差の除去が大切な設計要素であるため、ホタル石は魔法の材料であった。しかし、天然のホタル石は純度が悪かったり、大形のものがないために望遠鏡や望遠レンズに使われることはなく、顕微鏡のアポクロマティックレンズ（3波長の色消しレンズ）に使われていた。このフッ化カルシウムも、35年ほど前に人工で製造できるようになり、この材料を使った望遠レンズ、望遠鏡、顕微鏡、紫外レンズが市場にたくさん出回るようになった。また、レーザの発振光学素子であるエキシマレーザ用（紫外レーザ）の光学部材として、たくさん使われている。

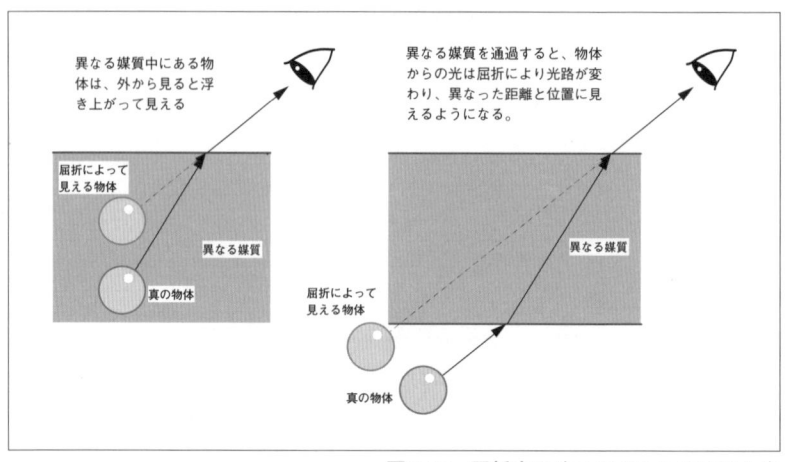

●●● 光と光の記録［光編その2］― 光の属性・干渉・回折

図8-12　屈折率の違いによるものの見え方

　屈折の現象は、前にも述べたように、自然界の至る所で見ることができる。たとえば、毎日の疲れを癒すお風呂に入るとき、湯船に沈めた体が小さく縮んで見える経験を誰でもしたことがあると思う。これは、水の屈折率が1.33(＝4/3)であるため、3/4、すなわち75％も距離が近いように感じられるからである(図8-12)。

8.5.7　スネルの法則(Snell's Law)

　スネルの法則は、光学の本を紐解くと最初に出てくる法則である。屈折の法則とも呼ばれているこの法則は、オランダ人スネル(Van Roijen Willebroad Snell：1591～1626)が最初に発見して整理したといわれている。オランダは、ホイヘンスといいスネルといい、光学の技術レベルは当時相当高かったようである。
　ヨーロッパの光学産業は眼鏡とともに発展していくが、15世紀には、オランダとベルギーが眼鏡産業のメッカとなっていた。その眼鏡による光学技術の基盤があって、顕微鏡の発明がオランダ人(ヤンセンやレーウェンフック)の手によってなされた。屈折の法則は、顕微鏡が発明されてからの発明であるから、ヤンセンやレーウェンフックは、屈折の法則を知らずに経験によって顕微鏡を開発したことになる。スネルが活躍した時代の日本は、江戸時代の初期で鎖国のためにオランダと清国だけを相手に交易をしていた。光学の技術動向から当時の日本の物理科学を見てみると、オランダを通してか細くではありながらヨーロッパの最新科

●●● 自然界の光の性質

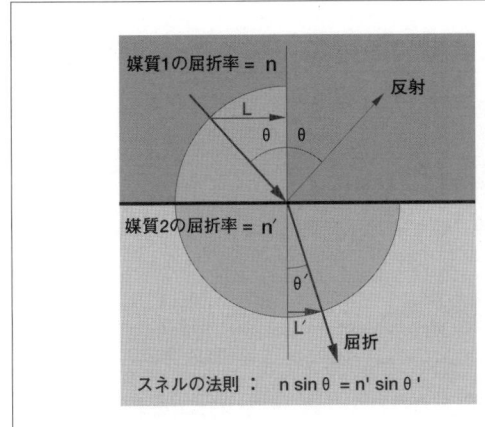

図8-13 スネルの法則

学を手に入れていた感じを受ける。

　スネルの法則は、光が異なる媒質を通過する際の光の速度の割合の関係式を表したもので、光の速度が遅くなる媒質に対して屈折率が高いと定義している。屈折率が高いというのは、別の側面から見ると媒質によって光が曲げられる度合いが高いことを示し、直感的に理解しやすい。

　また、別の側面からスネルの法則を見てみると、屈折率は光が進むのを妨げる抵抗力を示す値ともいえる。図8-13のLとL'が、その意味をうまく表している。スネルの法則は以下の式で表される。

$n \sin\theta = n' \sin\theta'$ ・・・(68)
　　n：媒質1（入射側）の屈折率
　　θ：入射角
　　n'：媒質2（屈折側）の屈折率
　　θ'：屈折角

　上式の$\sin\theta$がLを示し、$\sin\theta'$がL'を示している。LとL'は、入射する光線と屈折した光線の進行（図から見て水平成分の）速度を表している。屈折率は、媒質に入った光線の速度を補正するような値となっている。

8.5.8　光路可逆の原理(Principle of Ray Reversibility)

　前項の説明は、入射光側にある媒質の屈折率よりも屈折する側の媒質の屈折率が高い場合についての説明であった。これとは逆に、屈折率の高い媒質から低い媒質に光が入るとき、光線はどのように屈折をするかというと前述の光線とまったく同じ光路を通って逆方向に進む。これを、光路可逆の原理という。世の中の現象には可逆でない現象が数多くあるので、その意味では、屈折光路の可逆性は光学設計者にとってありがたい原理であるといえる。

8.5.9　フェルマーの原理(Fermar's Principle)

　フェルマー(Pierre de Fermat：1601〜1665)は、17世紀のフランスの法律家、数学者である。同国人デカルトと同じ世代の人(デカルトより6歳年下、没年はほぼ同じ)で、光学にはそれほど深く関わってはいない。彼の本職は政治家であり、余暇として古い数学書を読みながら数学を研究し、その成果を数学者に手紙で知らせていた。彼の数学上の功績は、デカルトとは別の座標系を考え出したり、極大・極小という考え方を編み出し、曲線上への接線を引く手法を考えた。また、パスカルと賭博の掛け金の分配についての書簡を交わし、「確率論」の創始者ともなった。その彼が光学の世界に功績を残した。それがフェルマーの原理と呼ばれるものであった。

　フェルマーの原理は、光の最短時間の原理とも呼ばれているもので、以下のように表現されている。

「2点間を進む光の経路は、幾何学的に可能な経路の中で所要時間が極小となるように進む」

　この原理から、光の反射、屈折、不均質媒質での光の経路を統合的に求めることができる。光の反射、屈折の原理を、別の観点から統一的な見解を見い出したのがフェルマーだったといえる。

8.5.10　全反射(Total Reflection)

　図8-13で、入射角 θ をどんどん大きくしていって $\theta = 90°$ になったとき、入射光

は媒質2の境界面に対して平行になるため中に入ることができない。光の屈折には、前述のような光路可逆の原理があるから、たとえば、屈折率の高い媒質2から低い媒質1に光が抜けていった場合に、θ'をどんどん大きくしていくと、最後には媒質1に抜けていく光が境界面と同じになって、ついには外に出ていかなくなる。媒質1のθ'をこれ以上に大きくすると、光は境界面において反射の法則に従ってすべて反射されて戻ってしまう。この現象を光の全反射という。光が外に出ていかずに全反射を起こす光の角度を臨界角(critical angle)と呼んでいる。臨界角は、以下の式で求められる。

$\sin\theta' = n'/n$ ・・・(69)

 n ：媒質1の屈折率
 n'：媒質2の屈折率
 θ'：臨海角 （全反射を起こすにはn'＜nであることが必要）

水の場合は、水の屈折率が1.333であるため、水から空気に抜ける光線の臨界角は、$\sin\theta' = 1/1.333$より、48.607°となる。ダイヤモンドは、屈折率が2.4173であるため臨界角は24.43°であり、水の半分の角度で全反射を起こす。ダイヤモンド内にいったん入った光はなかなか外に出てこず、光の分散も手伝ってダイヤモンド内部で光の反射を繰り返して、分散した赤や青の光が最終的に外に出てくるようになり、まばゆい輝きを放つようになる。全反射は、すべての光が反射されるために光量ロスがなく、プリズムで光を反射させる場合にも全反射条件で使用する。

8.5.11 屈折のたまもの―レンズ

我々の身の周りにある光学部品のレンズは、光の屈折を巧妙に利用したものである。人の目もレンズに相違ない。カメラのレンズのみならず、光を集める目的のためにもレンズが使われている。眼鏡、顕微鏡のレンズ、望遠鏡、カメラ用のレンズ、IC部品を製造するリソグラフィ用レンズなど、巧緻を極めたレンズが生まれ育っている。だが、現在のレンズ技術が確立するまでには多くの困難があった。

レンズ設計を行う場合には、屈折につきものの色収差が必ずクローズアップさ

れるが、色収差をはじめとする諸収差との折り合いや、妥協とこだわりの戦いといわれるのがレンズ設計である。こうしたレンズの歴史や性質を紹介するのは、もう少し後に回したいと思う。

8.6 偏光(Polarization)

　光の偏光というのはおもしろい現象である。一般的にはあまり馴染みがないかもしれないが、液晶素子にはなくてはならない光の性質である。液晶は、光の偏光を利用しなければあれだけシャープな表示装置はできなかったに違いない(液晶については、「光と光の記録[光編]　3.2.1　液晶」参照)。

　ヘリウムネオンレーザやアルゴンイオンレーザ光も偏光をもった光である。レーザは、光の共振条件を作って光を増幅させて発振させ、偏光の仕組みを使って光が減衰しないようにしている。したがって、この原理を応用しなければおそらく世の多くのレーザは発振できなかったに違いない。ガスレーザは、鏡を使って誘導放出光を光増幅させる際に、プラズマチューブとは別に置かれた一対の反射鏡で光を何度も反射させる。この光がガスチューブから出て再び入るときに光の反射が起きる。それが何度も繰り返されるため、反射時の損失が無視できなくなる。

　英国物理学者ブリュースター(Sir David Brewster：1781〜1868、スコットランド人)が発見した偏光角にガラス窓をセットしておくと、偏光した光はガラス面の反射に影響することなく透過することができる。この恩恵にあずかることで、反射鏡を何度も往復するヘリウムネオンレーザが発振できるのである。これらのことから、レーザに使われているガラス窓のことをブリュースター窓と呼んでいる。したがって、ブリュースター窓を取り付けたレーザ光は偏光をもったレーザとなる(「光と光の記録[光編]　4.2.2　ブリュースター窓」参照)。

　また、CDやDVDに使われているオプティカルピックアップにも偏光素子が使われている。これは、偏光素子を使うことによってディスクのピットの読み取り精度を向上させているのである。この他、鉱物を顕微鏡で観察するときに鉱物の持つ偏光特性を利用して偏光顕微鏡が使われている。光弾性も偏光を応用したもので、内部応力の観察に利用されている。

　自然界では、水の表面やガラス表面で反射した光、そして青空の散乱光が(太陽から90°の位置がもっとも強い)偏光をもっている。昆虫の中には偏光を感じるも

●●● 自然界の光の性質

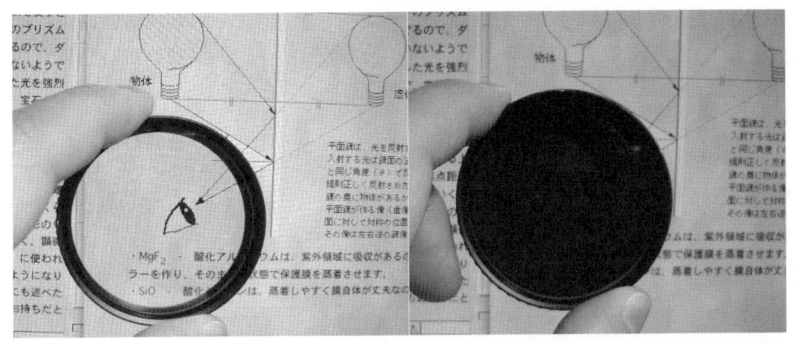

図8-14　液晶モニタに偏光フィルタをかざした様子

のがいる。ミツバチはこの機能を持っていて、ミツバチの複眼が空の偏光を察知して自分の位置を太陽の方向を基準とした角度で記憶し、巣に戻ってきたときにダンスで蜜を取ってきた場所を教えているという。

　図8-14は、液晶モニタに偏光フィルタをかざして回転させると、画面が消えたり現れたりするサンプル画像である。液晶は偏光を持った光である。

　偏光は、媒質を透過するときに生じる透過偏光と、媒質表面（光学的透明な媒質表面）で起きる反射偏光、それに青空のように微粒子による散乱偏光がある。透過偏光は、方解石の二重像で明らかにされた。電気石という鉱物にも偏光が認められている。電気石は、トルマリン（Toumaline）と呼ばれていて、太陽光のエネルギーを受けて電気が発生し、0.06mA程度の微弱な電流が流れることから命名された。1880年、フランスの物理学者キューリー夫妻の夫ピエールが兄ジャックと共に電気石の科学的解明を行った。

　また、雲母（うんも、きらら、mica）にも偏光特性が認められている。人工的な偏光光学素子としては、1936年に多色性結晶体のヘラパタイト（Herapatite）が作られた。その後、フィルム（高分子構造体）を一方向に強く引っ張ると偏光を持つ性格が認められたことから、ポリビニルアルコールフィルムを一方向に引っ張り、高分子樹脂の鎖を一方向にして、これに沃素をドープして固定させたフィルム偏光板が作られた。これらは、ポラロイドやダイクロームという商品名で市販された。フィルム偏光子よりプリズム偏光子のほうが偏光の能力（消光比）が一桁程度良いので、微細な偏光観察が必要な応用には高価であるプリズムを使った偏光子が使われる。

8.6.1　ポラロイド(Polaroid)の発明―ランド博士

　偏光板を商品化し、インスタントフィルム事業に進出して巨大な富みを得たのは、米国の物理学者エドウィン・H・ランド博士（Edwin Herbert Land：1909〜1991）である。ポラロイド（フィルム）は、今でこそデジタルカメラの勢いに押されて使用される頻度は少なくなったものの、1950年代から1990年までの40年間、インスタントカメラの役割は重要であった。特に米国市場が強く、1960年代、米国の家庭の半数はポラロイドカメラを持っていたという。そのポラロイド社の源流は、それを遡ること20年、1929年のランド博士による偏光板製造の特許取得と製造販売に始まる。

　ポラロイドという名前の由来は、偏光板（ポラライザー）とセルロイドのふたつの言葉から造られた合成語である。ポラロイドという名前は、彼の妻（Helen Maisley）がSmith Collegeで物理学を研究していたときに、師事していた教授からもらった名前をそのまま嫁入り道具のひとつとして持って来たものである。

　ランド氏は幼い頃より光学、特にブリュースターが1816年に発明した万華鏡に興味を持ち、光学に傾倒した。ハーバード大学時代には偏光現象にのめり込み、そのため中退を余儀なくされた。大学を辞した彼は、ニューヨーク公立図書館で独学自習を続け、偏光に関する文献をよりどころに「ポラロイド」偏光フィルタを商品化した。1932年2月8日、ハーバード大学物理学専門家会議の席上で、従来にはなかった薄くて幅の広いシート状の偏光板の合成法の開発アナウンスを行った。当時、偏光板そのものはすでに存在していたが、サイズが小さく量産もできなかったため実験室的な規模のものしかなかった。これを低コストでシート状にすることが彼の研究課題であり、発表前の1929年にパテントを獲得した。ランド博士が20歳のときのことであった。

　ポラロイド偏光フィルムの最初のお客はEastman Kodak社で、カメラレンズフィルタや立体画像を見るメガネに使われた。そして、1932年にランド博士はポラロイド・コーポレーションの母体である「ランド＝ホイールライト・ラボラトリー」を設立した。同社の名前を有名にした、ポラロイドインスタントフィルムを発明するのは1947年2月のことである。その後、ポラロイドはインスタントフィルムの代名詞となり、1990年代まで社会に貢献した。ポラロイドフィルムには偏光の技術背景は直接にはなく、ポラロイド社のブランドネームを優先させるためにその名

前がつけられた。

8.6.2 偏光発見の歴史

　ところで、偏光とはどういうことであろうか？
　この性質は、光が学問として体系される中でも比較的後のほうになって組み入れられたものである。幾何光学で十分な説明ができなかった光の回折や干渉は、ホイヘンスやヤングらの光の波動説で一応の完成を見たものの、偏光の解釈にはなす術を持っていなかった。ヤングらは、光は音と一緒で媒質中を粗密波で伝わる縦波だとしていたが、水面に反射する光が偏光をもっていることが発見されてからは光が縦波であるとする根拠が揺らいだ。
　偏光は、1808年にマリュス（Etienne Louis Malus：1775〜1812）がガラスや水面からの反射光の特異性を発見したことに始まる。その後、1815年にフランスの数学者ビオ（Jean Baptiste Biot：1774〜1862）が電気石の二色性を発見し、同国人の天文学者アラゴ（Dominique Francois Jean Arago：1786〜1853）が施光性や結晶干渉を発見した。ついでブリュースターによって偏光角の発見が相次ぎ、光の進行方向に対して特別の面を持つことが揺るぎない事実となっていった。

8.6.3 方解石（Calcite）による複屈折現象

　マリュス以前にも、光がおかしな屈折をする複屈折現象については知られていた。透明な結晶体である方解石（Calcite：$CaCO_3$）をかざして見ると、方解石を透過する物体が二重に見える複屈折を発見したのは、1669年、デンマークの学者エラスムス・バルトリヌス（Erasmus Bartholinus：1625〜1698）であった。
　方解石は炭酸カルシウムの結晶構造体で、マッチ箱を押しつぶしたような平行六面体形状をしており、角面は101°55′の鈍角と78°5′の鋭角で構成されている。方解石の仲間には、石灰岩、大理石などがある。これらは同じ炭酸カルシウムでありながら結晶構造ではないため、平行六面体結晶になっていない。方解石は、容易にへき解（cleavage）し、細かく砕いてもその形状は小さな平行六面体形状を保っている。
　この方解石は結晶体の中で光をふたつに分ける性質があった。これは、色が分

散して光路が変わるのとは違い、波長全域に渡ってふたつに別れる性質である。その後、ふたつに別れる原因が結晶中で偏光作用が起きているためだと分かった。当時これらは、常光線と異常光線の複屈折現象として捉えられていて、偏光という考え方には到達していなかった。反射光による偏光特性が分かりはじめて、方解石の複屈折も実は偏光であることが分かった。偏光は、物質中にもそして反射面でも起きていた。

　この方解石の偏光分離作用を利用して偏光素子（偏光子、検光子）を作ったのが、スコットランドのエジンバラ大学の物理学者ウィリアム・ニコル（William Nicol：1768〜1851、J.C.マクスウェルは彼の教え子）であり、1828年のことであった。アイスランド産の方解石で作られたニコルプリズムは、波長特性がよく透過損失も少ない性質を持っていた。しかし、プリズムを回転すると光軸がずれてしまうので、改良を加えたグラン・トムソンプリズム（Glan-Thomson Prism）に置き換えられるようになった。

8.6.4　反射偏光の発見

　フランスの物理学者マリュス（Etienne Louis Malus：1775〜1812）は、複屈折の研究から表面反射による偏光を発見した人である。彼は結晶の複屈折現象について研究を進めていた。ある日の夕方、パリの自宅からリュクサンブール宮殿の窓ガラスに太陽の光を反射しているのを眺め、この反射光を方解石結晶を通して見たところ、二重に見えるはずの窓が一重にしか見えないことを発見した。彼は驚き、さらに詳しく調べてみると、方解石が回転するにつれ角度によってふたつの像が現れたり消えたりして、方解石を通してみる反射光の明るさも回転によって規則正しく変化することが分かった。マリュスは最初、この現象を太陽が大気中を通る間に何らかの影響を受けているのだろうと考えたが、その後、ロウソクを使って水面に反射させた反射光について調べたところ、同じ現象が起きていることが分かった。さらに詳しく調べ、水面への光の入射を変えていき、52°54′では二重像の一方が完全に消失することを突き止めた。彼は方解石の実験と水の反射の実験から、光の特質として偏光の現象が透過のみならず反射によっても起きることを発見したのである。

　マリュス以後、多くの研究者達が偏光の研究に携わり、フランスの物理学者フ

レネル（Augustin Jean Fresnel：1788～1827）が偏光現象を統一的に説明する理論を打ち立てた。彼は、「光は横振動である」という仮説を打ち立て光の偏光を説明した。それまで、光は縦振動をするものとして受け入れられており、学問の大系も組み上げられていた。光が縦波であるとする当時の体系の根拠は、光の真空中の伝搬である。しかし、波が伝わるのは媒質がなければならない。当時、空間にはエーテルと呼ばれる光を伝達する媒質があると信じられており、このエーテルは稀薄な気体と考えられていたので、横波では真空中を光速で伝達できそうもないとされていた。当時は光を弾性波と位置づけていたので、波が媒質を振動させて伝搬すると考えられていた。

　だが、光が縦波であるとする学説は、アインシュタインの相対性理論で覆され、光は電磁波であるという説が正しく組み入れられた。マクスウェルが唱えた電磁波理論は、電波や光波は進行方向に対して互いに垂直に電気成分と磁気成分が存在して伝播するというものであり、この理論は明らかに電磁波が横波であることを示している。

　通常の光は、進行方向に対して横方向（＝垂直方向）に振動する成分がいろいろな方向へ放射していて、偏光では振動成分が一方向に限られたものになっている。透明媒質の表面では、特定の方向に振動をもつ光のみ反射される。それが、P偏光と呼ばれるものとS偏光と呼ばれるものである。P偏光は、媒質に入る方向（入射方向）に対して立った角度で入っていく成分（スキーのジャンプで選手が飛んでいく姿勢と同じような角度）で、S偏光は横に寝た成分である。直感的にP成分のほうが媒質にズブズブと入る感じがあり、S偏光成分は、表面に当たってそのまま跳ね返るような感じを受ける（図8-15）。その感覚どおり、S偏光は入射角度を変えても絶えず反射が起き、立った角度で入射するP偏光は、ある角度ではズブズブと入ってしまい反射されなくなる。この入射角度がブリュースター角と呼ばれているもので、関係式は以下の式で示される。

$\tan\theta = n$ 　$\cdots$ （70）
　　θ：光線の入射角度
　　n：媒質の屈折率

　この式を使って、たとえば、ガラスの屈折率を$n=1.5$とすると、ブリュースター

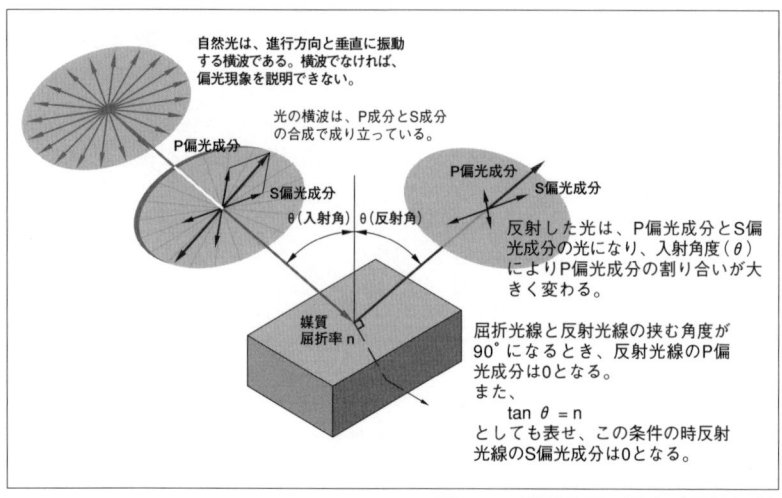

●●● 光と光の記録［光編その2］— 光の属性・干渉・回折

自然光は、進行方向と垂直に振動する横波である。横波でなければ、偏光現象を説明できない。

光の横波は、P成分とS成分の合成で成り立っている。

反射した光は、P偏光成分とS偏光成分の光になり、入射角度（θ）によりP偏光成分の割り合いが大きく変わる。

屈折光線と反射光線の挟む角度が90°になるとき、反射光線のP偏光成分は0となる。
また、
$$\tan \theta = n$$
としても表せ、この条件の時反射光線のS偏光成分は0となる。

図8-15　媒質表面の偏光（反射偏光）

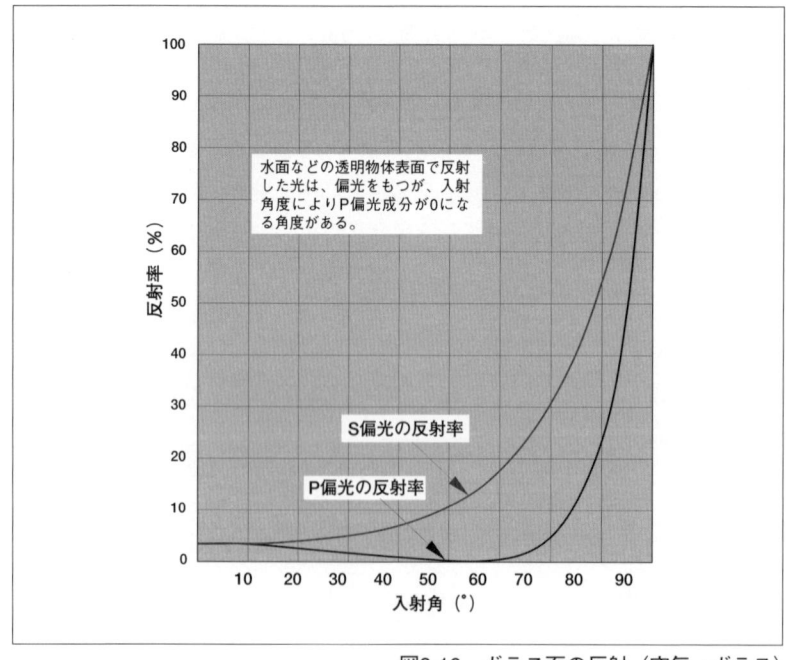

水面などの透明物体表面で反射した光は、偏光をもつが、入射角度によりP偏光成分が0になる角度がある。

図8-16　ガラス面の反射（空気→ガラス）

角は、56.3°になる。この角度で自然光が入射すると、ガラス表面で反射されるのはS偏光のみとなる。したがって、この位置で偏光フィルタを入れるとすると反射光は除去される。

逆に、この角度からP偏光のみの光を入れるとすれば光の反射はまったくなくなり、媒質の中にズブっと入ってしまう。このようにして、レーザ発振器のブリュースター窓は設計されている。

8.6.5 ブリュースター(Sir David Brewster:1781〜1868)

ブリュースターは、英国の物理学者でスコットランドに生まれエジンバラ大学を卒業した。17歳よりさまざまな物質の屈折率を測定しはじめるようになった。大学在学中より光学に興味を持ち、望遠鏡などの光学器械を製作した。この屈折率を求めていくなかで、1851年「ブリュースターの法則」を発見する。彼は、イギリス科学振興協会の設立(1831)に貢献した。ブリュースターの法則を発見して偏光の特性を熟知し、屈折にも熟知していた彼であったが、光の波動論は認めず、ニュートン(Sir Isaac Newton:1642〜1727)以来から唱えられていた光の粒子説に固執した。彼は、1816年に万華鏡(Kaleidoscope)を発明する。Kaleidoscopeは、Kalos＝beautiful、eidos＝form、scope＝watcherの造語であり、彼が名付け1817年に特許を取得している。

8.6.6 ブリュースターの法則(Brewster's Law)

この法則は、1851年(ブリュースター70歳)に発見した光の反射に関する法則である。これは、自然な光が透明物質(屈折率n_1)から透明物質(屈折率n_2)に入るとき、ある特定の角度θで入射する光については入射面に水平な光成分だけが反射されるという性質を示している。反射される光は、最も偏光の強い光が反射される。この角度θをブリュースター角、または偏光角と呼ぶ。偏光角を測定し、第一の媒質の屈折率(n_1)が分かっていれば両者で第二の媒質の屈折率(n_2)を求めることができる。ブリュースター角は、外部型のガスレーザでレーザ発振を安定して発振させる場合のガスチューブの窓を設計する際に適用されており、ブリュースター窓として知られている。

8.6.7　フレネル（Augustin Jean Fresnel：1788〜1827）

　フレネルは、フランスの物理学者でノルマンディーのブロリーに生まれた。1800年にカーン中央学校に入学。1804年にパリの理科大学校で土木工学を学び、橋梁築堤学校を経て政府の技師となった。光学を始めたのは1814年、26歳のときであり、ナポレオンの百日天下の動乱の最中、ナポレオンの蜂起に反対して政府の職を辞し、無職となったときである。1818年にアラゴ（Dominique F. J. Arago）の助力でパリでの勤務となり、1824年までの6年間は光学者として多くの業績を残した。この時期、彼はアラゴと協力して偏光の実験を行っている。また、灯台監督官に任命された際、有名なフレネルレンズを考案している。

　フレネルレンズは、複数枚の薄いレンズを張り合わせて厚いレンズの代用にしたものである。近年では、プラスチック成形により一枚板の上に同心円状の角度の違うプリズムを形成し凸レンズとみなしたものがフレネルレンズとして使われており、地図を見るためのプレートレンズや、OHPプロジェクタの集光レンズ、一眼レフファインダの集光レンズに利用されている。

　1823年には、フランス科学アカデミーの会員に選ばれ、1827年にはイギリスの王立協会からランフォード・メダルを授与された。フレネルを有名にしたのは光の波動論の確立である。それまでの光学は、イギリスのニュートンの影響が強く光の粒子説が主流であった。19世紀になると結晶などの鉱物の光学的性質が詳しく研究されはじめ、光学理論の再構築化の必要性が出てきた。

　1815年、フレネルは「光の回折について」と題する論文で、イギリス人物理学者トーマス・ヤングとは別に粒子説の批判を行った。一方、ラプラスやビオを中心とするフランスの科学アカデミーは、粒子説を指示する立場であり、未解決の光の回折現象の理論化を1817年の懸賞問題として取り上げた。フレネルは、科学アカデミーの意向を無視して粒子説を取らずにオランダのホイヘンスの波の概念や干渉の原理を使って光の回折現象や光の直進性を立証し、1818年に提出した。

　フレネルの提出した光の波動論は、フランス科学アカデミーの意図に反したが、実験に基づいて数学的に論証したことから、翌1819年に賞と賞金が与えられた。フレネルは当初から光の伝播について、音とのアナロジー（類推）により縦波だと考えていた。しかし、当時発見された新しい知見、光の偏光や複屈折現象から横波と考えるようになった。その結果、彼の研究対象が光の波を伝える媒質（エーテ

ル)の動力学的性質の研究となり、同国の数学者コーシーに引き継がれ、光の弾性波動論として体系化された。

8.6.8　直線偏光、円偏光、楕円偏光
(Linear Polarization, Circular Polarization, Elliptical Polarization)

　偏光には、レーザ光に見られるような直線偏光と、雲母板を透過してみられるような円偏光が認められている。偏光にはなぜこのような性質のものがあるのであろうか。偏光は振動方向がきれいに揃った光であることは、比較的簡単に理解できる。この振動方向がいつも一定の方向にあるのを直線偏光といい、方向が周期性を持って回転しているものを円偏光、さらに回転する強度も周期的に変わるものを楕円偏光といっている。

　光は電磁波であり、進行方向に対して電界と磁界が直交して進む。電界と磁界の位相が同じであるとき、電磁波(光)の強度は両者の間(両者の45°の位置)で振動

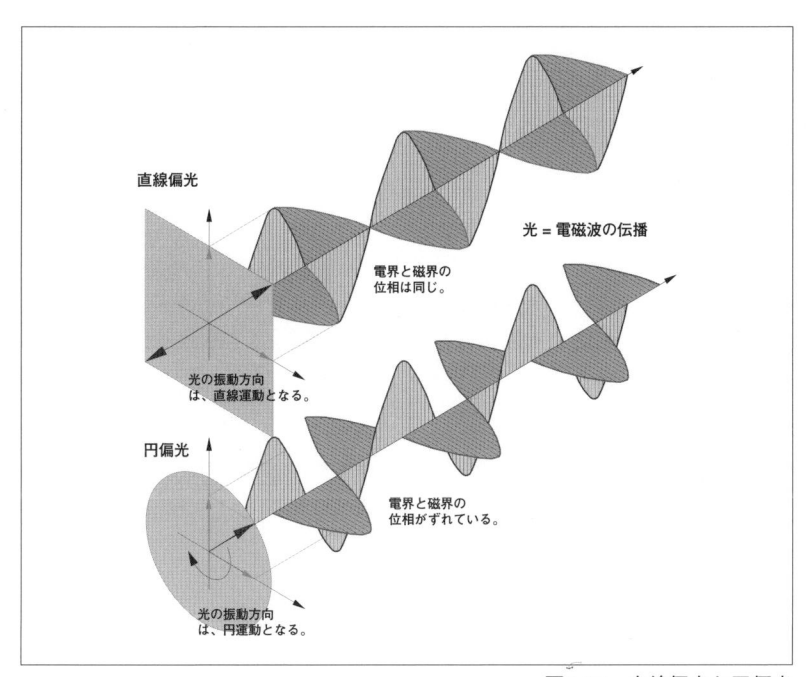

図8-17　直線偏光と円偏光

する。この位置はいつも一定なので直線偏光という。電界と磁界の位相がずれた場合、光は円を描いたように螺旋状に進む。進行方向からみると回転しているように見えるため円偏光と呼ばれる。雲母板を透過した光は円偏光になっている。円偏光のうち、電界と磁界の強度が違うとき、合成される光の強度も位相によって周期的に変わる。このときの偏光は楕円状の螺旋運動となるため、これを楕円偏光という。

8.6.9　1/4波長板(Quarter Wave Plate)

　波長板は、電界と磁界の位相をずらす働きを持ったもので、この板を通過した偏光は位相のずれた偏光となる。波長板は、1/4波長板、1/2波長板が市販されている。この波長板を使うと、たとえば直線偏光が1/4波長板を通過すると電界と磁界に1/4波長のずれが起きるため、それまで直線で偏光していたものが螺旋を描くようになり円偏光となる。逆に円偏光のものが1/4波長板を通過すると、1/4波長ずれるため直線偏光に戻る。1/2波長板は、位相が180°ずれるので偏光が反転する働きを持つ。市販されている波長板は、水晶(合成石英)や雲母で作られている。また、光学材質(BK7)を使って平行六面体のプリズムを作り、プリズムの全反射と複屈折を使ったフレネルロム波長板というものもある。フレネルロム波長板は、直線偏光を円偏光に変える1/4波長板と、これをふたつ張り合わせた1/2波長板の2種類がある。

　これらの波長板は、偏光のモードを変える働きを持つもので、光のセパレーションの目的によく使われる。波長板が使われているひとつの応用として、偏光顕微鏡がある。鉱石は、一般的に複屈折を起こしやすい結晶を含んでいるので、鉱物組成を調べる上で偏光素子(偏光子、検光子)を顕微鏡に組み入れて使うことが多い。こうした顕微鏡のことを、偏光顕微鏡とか岩石顕微鏡と呼んでいる。偏光顕微鏡に使われている偏光素子には、今まで述べたニコルプリズム、グラン・トムソンプリズム、ポラロイドなどが使われ、偏光モードを変換するために波長板(1/4波長板、1/2波長板)が使われる。

8.6.10 CDのピックアップ光学系

　波長板が使われるもうひとつの代表的なものに、我々の身近にあるCD（コンパクトディスク）に採用されているピックアップ光学モジュールがある。

　1973年にオランダのフィリップス社で開発されたCDのデータ読み取り機構には、偏光の特性が巧みに利用されていて、この原理を使ってコンパクトで信頼性の高いデータを読み取ることが可能となった。1973年当時は、コンパクトな半導体レーザがなかったため、ヘリウムネオンレーザを使って初期モデルが作られた。実用的な半導体レーザは1970年に現れるものの、コンパクトで性能の良いレーザはまだ供給されていなかった。CDの考えはそれより以前からスタートしているので、半導体レーザの熟成を期待しながら成長して行った感が否めない。

　レーザは、きれいな直線偏光を持った光源であり、これを1/4波長板を介してCD面に反射させる。1/4波長板を通過する際に、直線偏光だったものが1/4波長の

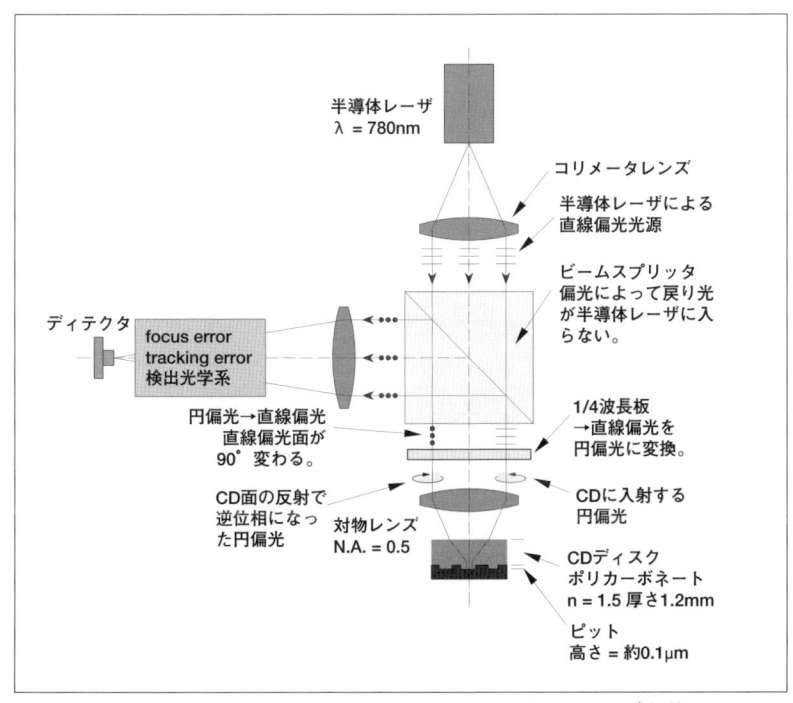

図8-18　CDピックアップ光学モジュール

位相を起こすため、先に述べたような理由から円偏光になる。この円偏光は、CD面で反射して回転が変わる。反射光は、もと来た光路を帰るとき再び同じ1/4波長板を通るため、直線偏光となるが、このときの直線偏光は、もとの偏光成分とは90°ずれた偏光となる。この戻り光が偏光ビームスプリッタで反射し、ディテクタに導かれる。しかし、半導体レーザの直線偏光と戻り光の直線偏光は、振動する方向が違うために戻り光がレーザに戻ることはなく、100%の光が検出器(ディテクタ)に入る。これが、1/4波長板と偏光ビームスプリッタ、そしてレーザ光ならではの成せる技なのである。

　ちなみに、レーザ光はどのくらいまで絞れるかというと(これは、「8.10　光の回折」でも触れる)、集光スポットの限界は波長に比例し、レンズの開口数に反比例する。780nmの赤外レーザを使って開口数N.A.＝0.5の対物レンズで集光すると、$1.8\mu m$まで絞ることができ、このビームがCDのピットに照射される。ピットの大きさは、短軸$0.5\mu m$(信号情報によって長軸は変わる)で深さは$0.1\mu m$である。レーザ光は、$1.8\mu m$のスポットであるから、ピットのサイズに比べて倍程度の大きさのスポットがCDのピットに照射されることになる。

　また、ピットの深さは極めて重要である。深さを波長の1/4の長さにしておくと、往復の光路で1/2波長となり、穿ったピットの底が反射面となって強い反射があったとしても1/2波長分で干渉を起こして反射光が減ぜられる。このことから、ピットの深さは信号を取り出す上で極めて重要である。780nmの光の1/4波長は、195nm($0.2\mu m$)である。しかし、実際のピットは$0.1\mu m$(100nm)に加工されている。なぜ2倍も短くなっているのであろうか。というのは、ピットの前には透明なポリカーボネートが1.2mmあるので、この分の屈折率を考慮しなければならない。ポリカーボネートの屈折率は$n=1.5$なので、1/4波長は130nmとなる。このことを考慮しても、なお30nmほど短く穿たれている計算になる。この理由は、CDを回転させて信号を読み出す際に、CDの回転振れや倒れなどで必ずしも正しいトラッキングが行われないからであり、トラッキングエラーを最小にするためには1/8波長にしてやる必要がある。そこで、トラッキングエラーの最良の値と光の分離(干渉)の最良の中間をとって1/6波長程度とし、100nmのピットの深さが採用されているというわけである。このように、光信号の分離がうまくできているおかげで高速読み出しが可能となっている。

8.7 光の干渉(Interference)

　光の干渉は、光が波であることの決定的な事実である。しかしながらこの現象は、我々の周りで簡単に見出すことができない。というのは、自然界の光はいろいろな成分の光が混ざりあっていて、光の波長は音などに比べて極めて短いので、光の干渉を現象として見ることが難しいからである。

　シャボン玉に見られる虹色の現象は、今でこそ薄膜の干渉による現象として知られているが、それを科学的に取り上げたニュートンは光の干渉現象として捉えていなかった。光に干渉現象があることを科学的に説明したのは、ニュートンの死より約50年後に生まれた同国のトーマス・ヤング(Thomas Young：1773〜1829)である。彼は、巧妙な仕掛けを作って太陽光を導き光の干渉を実現して見せた。彼は、ニュートンと同時代にあって光の波動説を唱えたオランダ人ホイヘンスの理論に息吹を吹き込み、光が波動性を持つことを実験的に検証し、ニュートンが手をつけた薄膜の研究やニュートンリングを、光の波動理論を使って完全に説明した。

　20世紀に発明されたレーザ光を使うと、頻繁に光の干渉を見ることができる。その理由は、レーザは発振の性質上発光波長が極めてよく近似していて(単色光である)、波長の位相がとてもよく揃っているからである。位相が同じでなければ光の共振を起こすことができず増幅も起きないため、レーザは波長の位相が極めて良好に揃った光ということができる。

　このように、波長と位相が揃った光をコヒーレント光(coherent)という。コヒーレントな光の性質のおかげで、レーザは実に多くの応用が考え出された。たとえば、レーザを使った長さ測定はレーザ光の波長単位での計測ができる。位相が揃っているため簡単に干渉を起こすことができ、干渉の強弱により波長単位の測定が可能になっている。光学測定機器では、光の干渉原理を利用したものも少なくなく、代表的なものでは、ニュートンリング、マイケルソン干渉計、ファブリ・ペロー干渉計、マッハ・ツェンダ干渉計などがある。

　ニュートンリングは、光学部品の研磨精度を検査するときに用いる光学原器で、干渉縞によって波長レベル(nm)の平面度を検査することができる。マイケルソン干渉計は、長さを波長レベルで測定することができる器械であり、ファブリ・ペロー干渉計(Fabry-Perot Interferometer)は、「アルゴンイオンレーザ」の項でも

触れた(「光と光の記録[光編] 4.3.1 アルゴンイオンレーザ」参照)。これらの干渉計は、極めて精度の高い波長成分を取り出すことができる光学器械である。マッハ・ツェンダ干渉計(Mach-Zender Interferometer)は、透明媒質の密度差を測定するのに使われる。

レンズコーティングは、薄膜によって起きる光の干渉を利用している。このほか、光学フィルタとして光学ガラス面に金属、非金属の薄膜を蒸着させて一種のファブリ・ペロー干渉条件を作った干渉フィルタがある。このフィルタは、バンドパスフィルタ(Bandpass Filter)とも呼ばれており分光の研究に使われている。バンドパスフィルタは、分光器(8.10光の回折の項で詳述)よりも性能は落ちるものの安価であり、レンズに装着できるので映像機器(カメラ)や光検出素子(フォトマルチプライア、フォトダイオードなど)と組み合わせて使われている。

8.7.1　メガネの反射防止膜(AR(＝Anti Reflective)Coating)

メガネをかけていると、メガネの表面で反射される光が目に入って誠に煩わしく眼が疲れてしまう。今でこそメガネにコーティングが施されているのは当たり前となったが、筆者の高校時代(1970年代前半)は、コーティングを施してあるメガネのほうが珍しく高価であった。当時、レンズ表面にうっすらとかかったアンバーやマゼンタ、グリーンのコーティング色を見ると神秘的な気持ちになったものである。

高級一眼レフカメラのレンズに(マルチ)コーティングが施されるようになったのも1970年代だと記憶する。最近のメガネは、ほとんどがマルチコーティングを施されていて表面の反射が極めて少なく、クリアな視界を提供してくれている。

透明体表面に薄膜を塗布すると、表面での反射が著しく減ぜられて透過が良くなる特性がある。ガラス表面の反射は約5%といわれていて、単層膜のコーティングでは2%程度になり、3層膜コーティングでは、可視光全体を0.1%程度に抑えることができる。

8.7.2　薄膜による光の干渉の考え方

ガラスのような透明体の表面に薄膜を形成させると、なぜ反射が減ぜられて透

過が良くなるのであろうか？　これは光が波であることの大きな証しである。透明体の表面で反射が起きるということは、光が媒質の中に入っていくことが困難であるともとれ、光が中に入ろうとして押し返されてしまうようなものである。薄膜は、光の波長レベルまで薄い膜を形成させ、光が媒質に入りやすくしていると考えられなくもない。

　光学を紹介する多くの本では、薄膜による干渉によって反射が防止できると説明している。が、光の波長レベルの薄膜を媒質に付着させることによって、媒質の界面を効率良くくぐり抜けられるようになる、と考えたほうが分かりやすいように思う。筆者は、今まで反射防止膜の現象について以下のような考えに縛られ、無限ループに陥っていた。

　反射防止膜に関する本を読んでいると、反射した光と防止膜で反射した光の波長がお互いに打ち消し合って反射光をなくしている、という記述をよく目にする。とすると、100ある入射光のうちの5つが表面で反射し（5％の反射という意味）、コーティング面で位相が逆転し1/2波長がずれた光が3つ反射して追いかけるようにして打ち消し合う。3つの光が追いかけるので、先に5つの反射した光のうち3つ分だけ打ち消されるが、ふたつは生き残って反射光として残る。

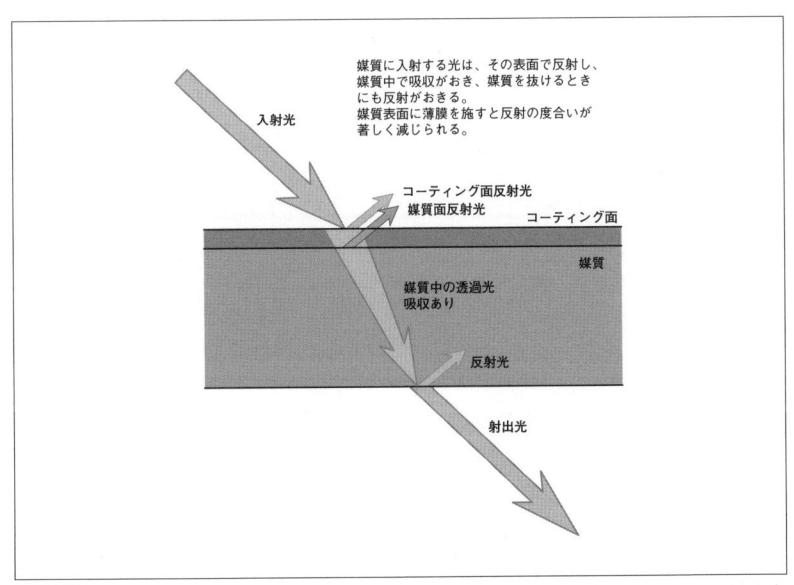

図8-19　媒質への入射・射出光

そうであるならば、100の光は5つと3つの光で互いに相殺されるので8つの光を消耗してしまい、92しか透過しない！　しかし、現実はふたつの光だけが反射して98の光が透過している！！　筆者は、この問題の解答を自分で見つけ出すまでに（どの参考書を見ても、この素朴な疑問に答えてくれなかったので）かなりの時間がかかった。今は、自分なりに先に述べたような考えを持つに至っている。

媒質に入射する光は、以下の関係によって光が伝達される。

入射する光(L_{IN}) = 反射する光(L_{ref}) + 屈折透過する光(L_{OUT}) + 吸収・散乱する光(L_{abs})
　　　…(71)

つまり、一連の流れの中の光は（ここでいう一連の流れとは、ひとつのソースから放射された光という意味であり、別々のソースからきた光ではないという意味）、反射と吸収によって排除された残りの光で進んでいくことになる。100の光があって、それが表面で4つ分が反射されると残りは96となる。96の光が媒質中で16分吸収されると、80の光が透過するという計算になる（図8-19）。

したがって、本来4つ分の光が反射すべき表面が、干渉によって4つ分ではなくてひとつ分だけしか反射しないようになると、100の光は99となって、吸収で16分減って83の光が透過する計算となる。

波というのは面白いもので、電気信号の波でも同様の現象が見られる。ビデオ信号を伝えるケーブルに同軸ケーブルというのを使っているが、この同軸ケーブルにも似たような性質があって、75Ωのインピーダンスマッチングさせたケーブルを使うと、理論上、無限大にケーブルを延ばしても電気信号は減衰せずに伝播する。もちろん無限大に延ばして使用できるビデオ信号の周波数帯域には限度があり、75Ωの同軸ケーブルを使うと、ビデオ信号が採用している周波数帯域ではケーブル内で一種の共振現象が起こって波が安定し、減衰を抑えて信号を伝播させることができる。

光の分野の薄膜においてもビデオ帯域の同軸ケーブルと同じような共振条件が揃う条件があり、「光の波長レベルで共振条件を作り出して、光の方向を反射から透過へ振り向けグイグイと光を媒質に送り込む」ようである。そんなイメージを薄膜の反射防止メカニズムに対して持っている。話が横道にそれたが、光の干渉を利用した反射防止膜の膜厚は光の波長の1/4波長、もしくは1/2波長である。その

厚さはサブミクロンに相当している。

8.7.3　ニュートンの薄膜研究(Thin Layer)

　薄膜に光の干渉作用があることを最初に研究した人は、英国の物理学者ニュートン(Sir Isaac Newton：1642～1727)であった。研究を始めたのは1696年で、造幣局長の椅子を得て永年住み慣れたケンブリッジからロンドンの邸宅に移り住み始めたころのことである。

　彼が邸宅の窓よりシャボン玉を吹いていたのを通行人が見て、ロンドン市中で評判になったそうである。彼は童心に帰ってシャボン玉遊びに夢中になっていたわけではなかった。彼はシャボン玉に浮き上がる玉虫色の紋様を眺めながら、シャボン玉が水の薄膜でできていることを認識してシャボン玉の大きさで膜の厚さが変化し、その変化によって表面の色が変化することを克明に記録した。

　シャボン玉は、吹きはじめの液膜が厚いときは無色で、大きくなる(膜が薄くなる)にしたがい鮮やかな色が付きはじめ、青色から黄色、赤の順序で色が変わっていき、ついにはほとんど色彩がなくなって銀白となり、最後は真っ黒の膜となって破裂する。このような観察をしたニュートンであったが、膜の厚さと色のつき具合までは測定できなかった。

　しかし、彼の観察に敬意を表して膜の厚さと色の関係を一覧表にするにあたり、これをニュートンスケールと呼んでいる。光の干渉によって起きるシャボン玉の色は、液膜が$1\mu m$程度で赤色になり、$0.5\mu m$で紫、$0.3\mu m$で白、$0.1\mu m$で黒になる。光の1波長程度の膜厚間で光の干渉が起きている。

8.7.4　レンズコーティング(Lens Coating)

　薄膜の干渉の重要な応用として、コーティング技術がある。コーティングとは、ガラスの表面にガラスの屈折率とは違う材料の薄膜を正確な厚さで重ね合わせるものである。写真レンズでは、反射光を減らすために幾層もの反射防止膜を施したものが広く使われている。レンズにコーティングを施すことを最初に試みたのは、イギリス人の光学学者のデニス・テーラー(H. Dennis Taylor：1862～1943)である。彼は、1894年にレンズ焼けを起こしている古いレンズから偶然に反射防止

膜を発見した。彼は、この経験をもとにレンズ表面を酸化処理させてコーティングを施す処理を考え、1904年に特許を取得した。しかしながらこのレンズは、製造にばらつきが出てしまい、性能的にあまり芳しいものではなかった。

レンズコーティング手法を確立したのは、1936年、ドイツのCarl Zeiss(ツァイス)社の技師Alexander Smakula博士である。彼は、真空容器の中にレンズを置き、別にフッ化マグネシウム(MgF_2、$n=1.38$)を加熱して蒸発させ、これをレンズ表面に付着させるという真空蒸着手法を考案した。

Zeiss社が開発したレンズコーティング技術は、ドイツ軍のトップシークレットとして公開されることはなく、彼らの軍用光学機器(測距儀や双眼鏡)に使われた。コーティングを施したZeiss社の双眼鏡は70%も明るさを増し(当然フレアがなく切れが良い)、ドイツ軍の頼もしい装備品となった。

レンズにコーティングを施さない場合、空気中からガラスへ光が垂直入射すると、フレネルの反射則にしたがって、ガラスの屈折率が1.5のときに4%の反射が起きる。これが、屈折率1.6に増えると反射率も5.3%に増える。レンズは大抵1枚ではなく複数枚のレンズで構成されるので、レンズを光が透過するごとにレンズ表面で反射を繰り返す。レンズ枚数をmとすると、入射する100%光は以下の式によって、$(1-R/100)^{2m}$の光しか透過しないことになる。

$$R_t = 100 \times [1-(1-R/100)^{2m}] \quad \cdots (63) \text{(既述)}$$

　　R_t：複数層(n層)の媒質を透過する光の総合反射率
　　R：媒質の反射率
　　m：透過する媒質(ガラス)の層(枚)数

また、レンズで反射された光は、その前にレンズが置かれているとその面で反射され、再び主光線の方向に入り込んで、最終的に撮像面にレンズで反射された散乱光(迷光)が入ってくる。これらの反射光は、レンズごとに何度も繰り返されるため像を構成する光とはならず、撮像面を照らすノイズ光となる。この光は、つまり、像のコントラストを低下させたりフレアっぽい画像となってしまう。

レンズ表面反射による散乱光は、レンズの枚数が多くなると急激に多くなる。レンズコーティング技術は、レンズ枚数の多いズームレンズや高性能レンズにとって朗報であった。コーティング技術の恩恵により、表面反射と反射によるフレア

のために、今まで使い物にならなかったレンズ群の多いレンズが主役の座を占めるようになった。

コーティング技術は、第二次世界大戦後にドイツZeiss社の技術が公開され、真空蒸着法によって丈夫な単層反射防止膜が作られるようになり、Zeiss社の特許が切れた1960年代から急速に普及した。これにより、それまで4%以上もあった反射を可視光領域全般で1.2～1.4%に減ずることができ、透過率を飛躍的に向上させることができるようになったのである。

薄膜の屈折率がガラスの屈折率より小さい場合、そして、膜の光学的厚さが光の波長の1/4の場合(光がガラス面に当たって反射するので、光の反射光路は波長の1/2となる)、垂直入射光に対する位相が180°反転し、干渉によって反射光の強度が最小となる。薄膜は、フッ化マグネウム(屈折率1.38)を使うことが多く、この薄膜コーティングによって先に述べた反射率を4%から1.2%へ減ずることができ、レンズ内を効率良く透過させることができるようになった。

しかし、単純に単層のコーティングを施しただけでは、400～700nmの波長を持つ可視光全域にわたってうまく消すことができない。人間の眼は緑色に対して感度が高いため、レンズ自身に緑色を多く透過させることを主目的に、緑色部の透過を良くするコーティングが施されている。こうすると赤と青の反射が強く出てしまうため、コーティング面の色が赤紫(マゼンタ)に見える。一般の写真用銀塩感光材料は、眼に比べて青色方向に感度があるので、人間の感度中心よりは中心波長を青に寄せるように設計されている。

したがって、そのような写真レンズでは黄橙色(アンバー)色のコーティング反射光が見えるようになる。近年のCCDに代表される固体撮像素子は、銀塩感光材料と違って赤色(赤外部)の感度が高いため、コーティングもCCDカメラに合わせたレンズが必要かもしれない。コーティング材の薄膜は、微視的に見るとその表面で反射が起きている。つまり、反射防止膜を施しても反射光を0にすることは不可能である。反射防止のために必要な薄膜の条件は、以下の2つに集約される。

・反射防止膜の屈折率
$$n = \sqrt{(n_g)} \quad \cdots (72)$$

・反射防止膜の膜厚

$n \times d = m \times \lambda/4$　・・・(73)

　　n：反射防止膜の屈折率
　　n_g：ガラスの屈折率
　　d：反射防止膜の厚さ
　　λ：透過光波長
　　m：整数　$m=1、2、3、\cdots$

　理想の反射防止膜の屈折率は、母材料であるガラスの屈折率の平方根である。ガラスの屈折率が1.51である場合に要求される反射防止膜の屈折率は1.23となる。今のところ、低い屈折率で丈夫な膜を形成する材料は見出されていない。そこで、使用可能な材料を使って単層膜を2層、3層と重ね合わせて垂直入射光に対する反射光を減じ、広いスペクトル域にわたってこの値を低く抑える多層膜技術が開発された。

　現在、反射防止膜として使用できる材料は、フッ化マグネシウム（MgF_2、$n=1.38$）、硫化亜鉛（ZnS、$n=2.4$）、氷晶石（Na_3AlF_6、$n=1.35$）などに限られている。このほか、フッ化セシウム（CeF_3）、酸化シリコン（SiO_2）、酸化アルミニウム（Al_2O_3）などがあるが、安定した蒸着をレンズ上に行うには高度なテクニックを必要とする。

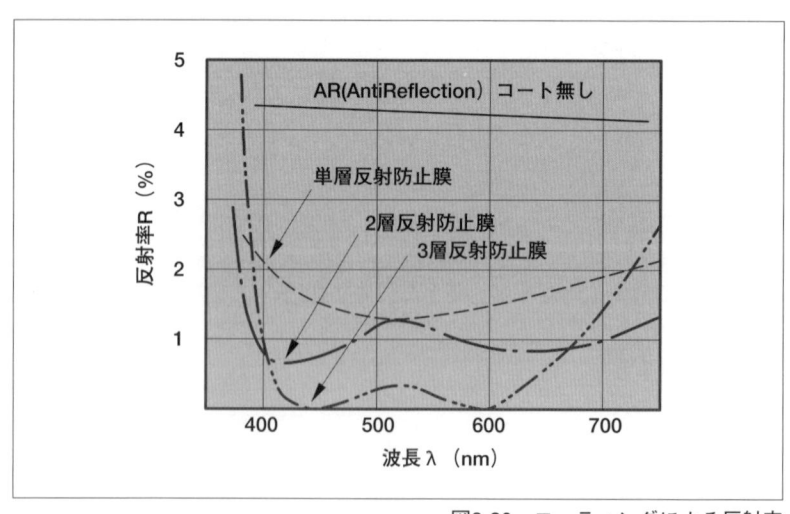

図8-20　コーティングによる反射率

●●● 自然界の光の性質

図8-21 レンズコーティングを施した一眼レフカメラレンズ

　図8-21の写真のレンズは、ペンタックスカメラのズームレンズf40～80mm F2.8/4で、1979年に購入したものである。レンズ前面にSMC (Super Multi Coated)と刻印されていて多層膜コーティングであることを誇らし気に示している。

　ペンタックスは1970年代初めからマルチコーティングを始めている。筆者がこのズームレンズを買った当時は、まだ像の切れが甘く、シングルレンズ(単焦点距離レンズ)の切れ味に比べると画質の違いは歴然としていた。このレンズはコーティングが玉虫色に見えて、当時の他のレンズに比べてレンズ面がとてもきれいであり、マゼンタとブルーの反射が強く見えている。このレンズは、筆者の所有するレンズの中ではあまり活躍せずに現役をほぼ引退しつつある。今のズームレンズの画質はかなり良くなっていて、一眼レフカメラでは標準装備のレンズとしてズームレンズが装着されている。

8.7.5　干渉フィルタ(Interference Filter, Bandpass Filter)

　干渉フィルタは、バンドパスフィルタとも呼ばれている。フィルタには、干渉フィルタとは構造の異なる吸収フィルタがある。吸収フィルタは、ガラスを着色して希望する光の波長を透過させて残りの光成分を吸収させるものである。干渉フィルタは吸収フィルタとは異なり、光の干渉原理を使って光を選択透過させている。したがって、干渉フィルタのほうが吸収フィルタに比べ、狭い帯域の光を透過させることができる。干渉フィルタは、光学プレート(ガラス基板)上に薄膜を形成させるので、レンズコーティングと似ている。

しかし、コーティングが薄膜の干渉によって反射を弱める働きを持つのに対し、干渉フィルタは1対（2層）の半透明薄膜の間に透明膜を挟む構造となっていて、1対の半透明膜で挟まれた透明膜の膜厚で干渉を起こして光が選択透過される。この原理は、ファブリ・ペロー（Fabry-Perot）の干渉原理と同じである。ファブリ・ペローについては、「光と光の記録［光編］　4.3.3　（1）エタロン」で説明した。

　この原理による干渉フィルタは、光の波長レベルの膜厚を精密に調整し製作することによって、極めて狭い波長帯域の光を透過させることができる。つまり、選択透過する波長は透明膜の膜厚で決まる。干渉フィルタの基本原理はファブリ・ペローの干渉であるから、干渉によって透過する波長は、膜厚の整数倍の波長（もしくは整数倍分の1の波長）となる。したがって、可視光域の干渉フィルタでは、その倍の波長である赤外域に透過する帯域ができてしまう。

　可視光域の干渉フィルタでは紫外域にも透過帯域が現れるが、基板ガラスが紫外域を透過しない光学ガラスであれば、この帯域をカットすることができる。石英ガラスを基板とした紫外フィルタでは、赤色領域に副次透過光が現れる。副次干渉透過光をカットしたい場合は、紫外干渉フィルタの後ろに赤色カットフィルタを挿入して2枚で使用する。

　干渉フィルタの使用に際しては、入射光はフィルタに対して垂直に入れる必要がある。干渉フィルタの原理は、先に説明したように膜厚によって透過波長が決まる。したがって、入射光が斜めから入る場合には膜厚の光学的距離が変わるため、それによって干渉を起こす波長が変わり、中心波長は短波長にシフトする。この関係は、後述の「8.7.9　薄膜技術のまとめ」に示した。

　たとえば、入射角度0で設計された中心波長632.8nmの干渉フィルタに入射角度5°で光を入射させると、中心波長は631.5nmとなり、2.3nm（係数にして0.998）分だけ短波長側にシフトする。したがって、広角レンズに干渉フィルタを装着するときは、透過波長に注意をする必要がある。

8.7.6　金属干渉フィルタ、非金属（誘電体）干渉フィルタ

　干渉フィルタを作る際に、金属蒸着を使ったものを金属干渉フィルタという。使用する金属は、ミラー製作と同じ材料のアルミニウム、白金、銀、クロムなどが使われる。これらの金属を厚く蒸着させると間違いなくミラーになるが、薄い

●●● 自然界の光の性質

　蒸着を施すと半透明金属膜となる。半透明膜は、ハーフミラーとしても馴染みのあるものである。この金属膜の間に膜厚を精密に制御した(1/2波長もしくは1/4波長の)非吸収透明膜(フッ化マグネシウムなど)を蒸着させて干渉条件を成立させると、立ち上がりの鋭い干渉フィルタができ上がる(図8-22)。
　金属膜に代えて、非金属(誘電体)膜を用いた干渉フィルタを非金属(誘電体)干渉フィルタという。材料には、硫化亜鉛(ZnS、屈折率n＝2.35)、氷晶石(Cryolite、

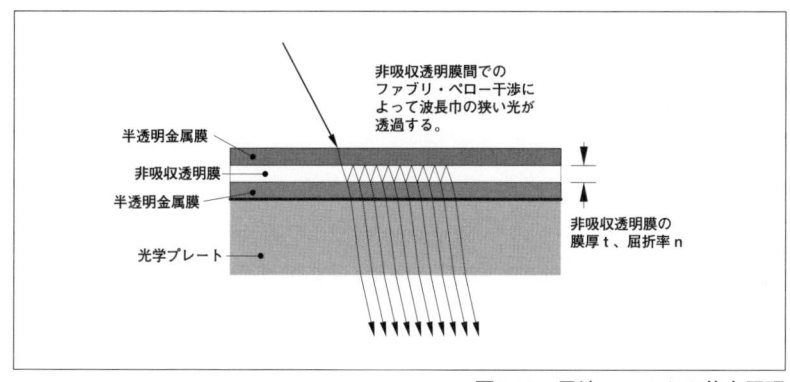

図8-22　干渉フィルタの基本原理

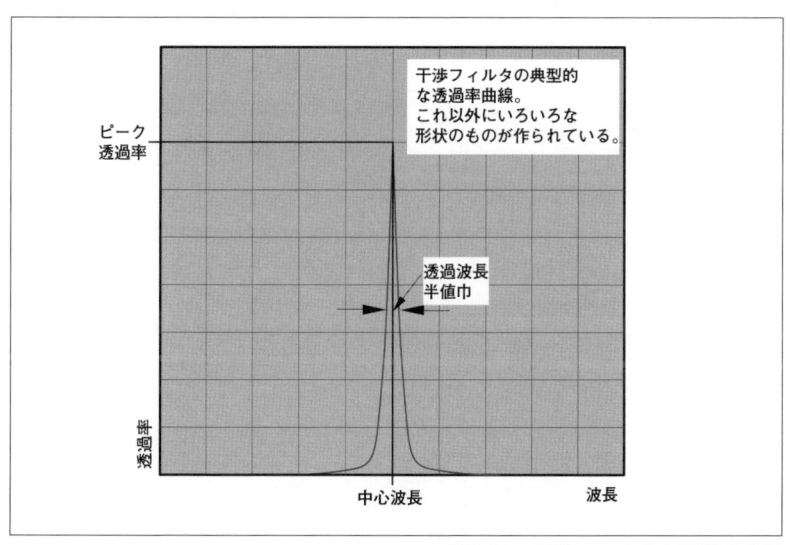

図8-23　干渉フィルタの透過率曲線

クライオライト、AlF3・3NaF、屈折率n = 1.35)などが使われる。誘電体多層膜フィルタでは、このような材料を何層も重ね合わせた多層膜構造が主流で、多層膜にすることにより透過中心波長を正確にし、その幅を狭くすることができる。非金属(誘電体)干渉フィルタは、金属干渉フィルタと比べて光の反射が少ないので、透過波長のピークが高く半値幅も狭いという特徴を持っている(図8-23)。

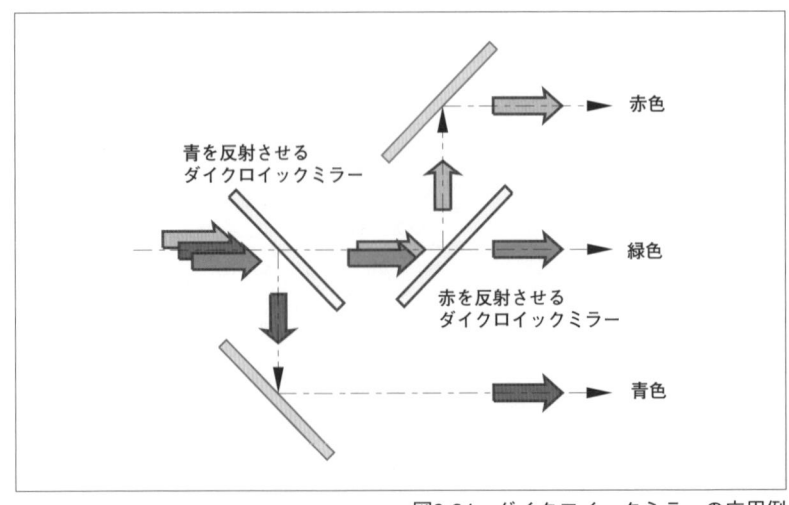

8.7.7　ダイクロイックミラー

　ダイクロイックミラーは、非金属干渉フィルタの特殊なもので3色分解用フィルタとして開発されたものである。CCDカメラを3つ使ってカラーカメラを作るときにCCD撮像素子の前にこの光学系を配置して、入射する光をR, G, B(赤・緑・青)に効率良く色分解させ、それぞれの色に反応するCCD素子に導き入れる。ダイクロイックの本来の意味は、di＝ふたつの、choroic＝色の、という合成語であり2色性という意味を持つ。つまり、色をふたつに分けるフィルタがダイクロイックミラーということになる。

　3色分解光学素子には、ダイクロイックミラーをふたつ使う。1番目のミラーで青と緑・赤のふたつに分け、2番目のミラーで緑と赤に分ける。ダイクロイックミラーは、吸収フィルタ(余分な光をフィルタで吸収して希望する光だけを透過させ

図8-24　ダイクロイックミラーの応用例

るフィルタ）と原理が異なるので、光のロスが少なく、効率良く光を分解することができる（図8-24）。

　これらのことは、干渉原理の成せる技である。入射した光を2方向に分ける必要上、ミラーは入射光に対し45°に傾けて設置され、希望する波長の光を入射光に対して90°方向に反射させ、残りを透過させる。反射させる光は比較的広帯域であり、干渉フィルタよりも広い範囲の波長を反射させることができる。

8.7.8　コールドミラー・コールドフィルタ

　コールドミラーは、熱反射ミラーとも呼ばれているもので、映写機や液晶プロジェクタ光源部の熱線反射ミラーとして使われている。映画フィルムは、その昔、支持母材にセルロイドが使われていた。セルロイドは着火性がとても良く、一度火がつくと勢いよく燃える。そんな危険なセルロイドが映画用のフィルムになぜ使われていたのかというと、熱や湿度に対する化学的安定性がよかったからである。

　フィルムは、現像液に浸され、何度も映写機をくぐる。フィルムの両端に開けられたパーフォレーションという孔に映写機の爪がかかって掻き落とされるため、材質には安定性の良い透明支持材が必要だったのである。昔は眼鏡のフレームにもセルロイドが使われていた。危険なフィルムを使っていたおかげで映画館の中の映写技師は火薬の中で火遊びをしているような心境だったであろう。実際、映画館の火災事故は多く、1984年9月3日には、東京都中央区の東京国立近代美術館フィルムセンター倉庫から出火し、330本にも及ぶ古い名画フィルムが焼失した。

　フィルムに余分な熱を加えない要求は、映画業界では渇望されていた技術であった。この要求に対する応えとして、光源からの熱をコールドミラーによって排除し、光だけをフィルムに集める技術が開発された。この技術の恩恵を受けて、フィルムプロジェクタや液晶プロジェクタ、ショーウィンドウの光源、手術用・歯科用の照明装置などにも熱反射タイプのコールドミラーやコールドフィルタが使われるようになった。

8.7.9 薄膜技術のまとめ(Thin Layers Technology)

今までの説明で、光の干渉を巧みに利用した製品は、多くが薄膜技術で成り立っていることが理解できたと思う。これらのように、薄膜の使い方で光をうまく透過させたり反射させたりできるのである。その薄膜での光の干渉をまとめたのが、以下の式である(表8-4)。

薄膜コーティングは、波長の厚さ分を目安に蒸着される。面白いことに、光は屈折率が変化する媒質両面で2者の屈折率の度合いによって反射の位相が反転したり同じであったりする。空気からガラスや水に入るような、低い屈折率の媒質から高い媒質に入るときは位相が反転し、逆にガラス、水から空気に抜けるときの反射は位相が同じになる。したがって、

$$2nd\cos\beta = m\lambda \quad \cdots (74)$$
$$2nd\cos\beta = (m-1/2)\lambda \quad \cdots (75)$$

n：薄膜の屈折率
d：薄膜の厚さ
β：屈折角
m：整数(1、2、・・・)

というふたつの関係式は、空気から水面に浮かんだ油膜(空気の屈折率＝1.00、油膜の屈折率＝1.4、水の屈折率＝1.33)では、(74)式で反射光が打ち消され、(75)式で強調される。また、レンズコーティング(空気の屈折率＝1.00、コーティング材の屈折率＝1.2、ガラス屈折率＝1.5)では、油膜のケースとは逆に(74)式で強調され、(75)式で打ち消される(図8-25)。

このように、媒質の違いによって反射面での光の位相が反転するために、同じ膜厚でも媒質の違いによって光が打ち消さたり強調されたりする。

膜厚の関係式	低屈折→高屈折の反射	高屈折→低屈折の反射
$2nd\cos\beta = m\lambda$	位相が反転。打ち消される。	位相が同じ。強調される。
$2nd\cos\beta = (m-1/2)\lambda$	位相が反転。強調される。	位相が同じ。打ち消される。

表8-4　膜厚と干渉の関係

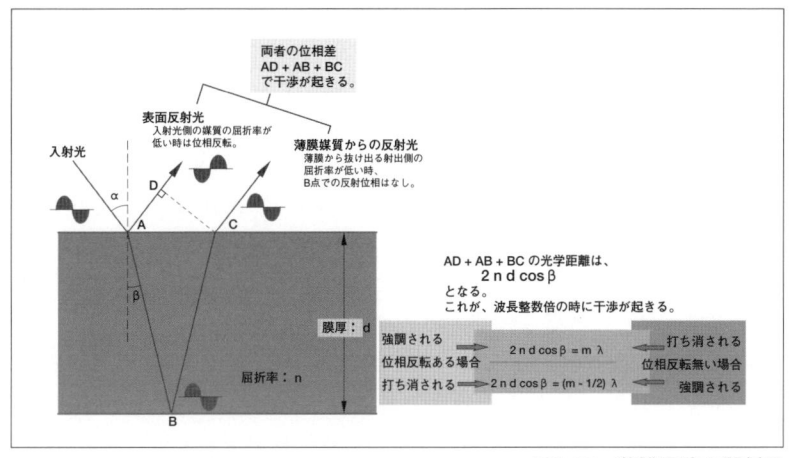

図8-25 薄膜干渉の関係図

8.7.10 干渉と回折の祖―トーマス・ヤング（Thomas Young：1773～1829）

　トーマス・ヤングについては、たびたび出てくるが、ニュートンとともに光学の世界では忘れてはいけない先駆者である。ニュートンとヤングは同じイギリス人であるが、同時代の人ではない。ニュートンが光を科学的に見つめることを始めて、ヤングがその世界をワンステップ押し上げた感じを受ける。その後に、スコットランド人マクスウェルが出て、光は電磁波の世界に入っていくことになるが、ヤングの光の波動論は、光の素性を知るうえで大きな足跡を残した。このトーマス・ヤングとは、どんな人であろうか。

　トーマス・ヤングは、1773年6月、英国サマーセット（Somerset）州ミルバートン（Milverton）の家柄の良い家に生まれた。ミルバートンは、イギリス南西部の小さな小島にある町である。父親は銀行員だったそうで、17世紀に作られたキリスト教の一派クェーカ教（Quaker）の熱心な信者でもあった。当然、息子のトーマスにもクェーカ教の躾がなされた。彼は早熟で2歳で本を読むことができ、その興味は古典にまで及んだといわれている。6歳よりラテン語を始め、14歳でギリシャ語とイタリア語、フランス語、ヘブライ語、アラビア語など8つの言語に精通した。17歳のときには、ニュートンの「プリンキピア」や「光学」、リンネの「植物学」、ラボアジエの「化学綱要」などを独学している。

●●●● 光と光の記録［光編その2］— 光の属性・干渉・回折

　ミルバートンは小さな島の町なので、ちゃんとした学校がなかったのかも知れないのだが、彼は言語学に特別の才能があったようである。医学者として身を立てようとしていたらしい彼は、1793年、20歳のときにロンドンのセント・バーソロミュー(St. Bartholomew)病院に医学生として入る。この病院に入るきっかけは、彼の大おじにあたる物理学者で医者でもあったDr. Richard Brocklesbyの勧めがあったようである。トーマス・ヤングは、その病院で視力調整のための筋肉組織の構造研究を解剖を通して論文にまとめ、それが認められて21歳で王立協会(Royal Society)のフェローに選出された。
　1795年、彼が22歳のときに、スコットランド・エジンバラ大学に赴き医学を勉強した。その後、1796年ドイツ・ゲッチンゲン大学、1797年から1799年までケンブリッジ大学で医学を学び、1800年の27歳のときにロンドンで自ら医業を始めた。その一方で、翌年の1801年から1803年まで王立研究所教授、1804年から死ぬまで王立協会書記など多くの学会や委員会の中心的な役割を果たした。こうしてみると、彼のライフワークは医学であったことが分かる。医学、特に目の研究を通して光と関わっていった感を受ける。
　ヤングは、医学者として目の解剖学的・生理学的研究を通じて光学の分野を開拓し、目が光を感知する観点から「網膜が、光のあらゆる粒子を検知するのは不可能」であるとし、光の波動説を支持してこれに関する考察を始めた。この研究に着手したのは、1800年、ロンドンで医業を開いた27歳のときである。この研究を通して、網膜は光の赤・緑・青の3原色に反応する視神経から成り立っていることを明らかにし、ヘルムホルツと並んで光の3原色の提唱者となった。
　そのほか、音の伝播の類推から光の干渉を解き明かし、薄膜やニュートンリングなどの現象を科学的に解明し、1802年、「物理光学に関する実験と計算」を著した。この論文では、光の波動性を述べ、かつ光は縦波であるとした。光の縦波の見解は、その後、同じ研究を行ったフランス人物理学者フレネルによって訂正され、より高度な波動光学理論へと発展していく。ヤングの干渉実験は、1801～1803年の王立研究所での講演論文「自然哲学講議(Philosophical Transactions of the Royal Society)」にまとめられている。
　しかし、発表当時、彼の研究成果は大きな評価を与えられなかった。というのは、この時代の光学は、ニュートンの影響が強かったのである。当時、光の粒子説を根本とするニュートンの光学に真っ向から対立するトーマス・ヤングの学説に

正しく耳を傾ける学者は少なかったのである。多才な彼はまた、物質の構造についても構造力学の関心を示し、ヤング率を発見する。ヤング率は、王立研究所の同じ講演論文の中に収められていて、アーチ固有の構造に関する講演の中で、応力と歪みの比が一定であるとする定義が書かれている。

彼の晩年は、彼の最も得意とする言語学の研究に戻り、ナポレオンがエジプト遠征で持ち帰ったロゼッタ石の解読に専念し、死の直前に古代エジプト文字の辞書編集を完成させている（ロゼッタストーンのヒエログリフの最終的な解読は、フランスの若き言語学者フランソア・シャンポリオンが行ったが、解読の糸口となったのはヤングの研究だったそうである。一説には、解読のために互いに激しい競争をしていたともいわれている）。

8.7.11 モアレ干渉（Moire Pattern Interference）

話のついでに、モアレ干渉について説明しておく。モアレとは、フランス語が語源で「波紋状の、キラキラした」という意味である。これは、光学はフランスが強かったことを証明する置き土産であろうか。モアレ干渉は、光の波長レベルの干渉ではなく、もう少し大きなレベルでの干渉である。テレビ番組で出演者が縞

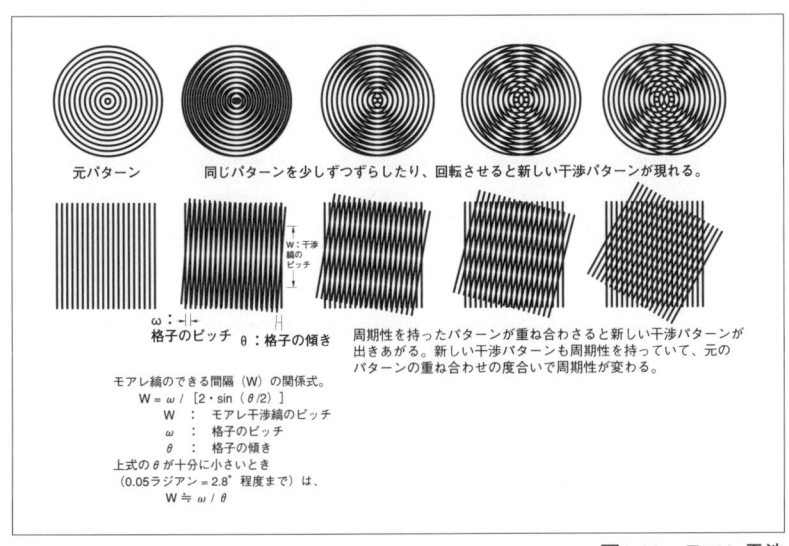

元パターン　　同じパターンを少しずつずらしたり、回転させると新しい干渉パターンが現れる。

W：干渉縞のピッチ
ω：格子のピッチ　θ：格子の傾き

周期性を持ったパターンが重ね合わさると新しい干渉パターンが出きあがる。新しい干渉パターンも周期性を持っていて、元のパターンの重ね合わせの度合いで周期性が変わる。

モアレ縞のできる間隔（W）の関係式。
　　W = ω / [2・sin(θ/2)]
　　W　：モアレ干渉縞のピッチ
　　ω　：格子のピッチ
　　θ　：格子の傾き
上式のθが十分に小さいとき
（0.05ラジアン ≒ 2.8° 程度まで）は、
　　W ≒ ω / θ

図8-26　モアレ干渉

や格子状のネクタイや上着を着用していると、本来の柄とは違った模様が写る。これも干渉の一種である。これらは、波長レベルの周波数ではないが、低い周波数の光の強弱が互いに干渉して新しい模様ができ上がる。これがモアレと呼ばれる現象であり、モアレ縞とも呼んでいる（図8-26）。

8.7.12 ペリクルミラー(Pellicle Mirror)

　干渉とは直接関係ないものであるが、興味があると思われるのでここに紹介しておく。ペリクルミラーは裏面反射がなく、干渉の起きない非常に薄い膜でできたミラーである。ペリクル(Pellicle)の本来の意味は、細胞の表面を保護する薄い膜状の外皮のことである。ペリクルミラーは、膜厚が数μm前後の極めて薄いニトロセルロースやポリマーでできたもので、この膜にコーティングを施すことにより、極薄のミラーができ上がる。ミラーといっても半透明ミラー（ビームスプリッタ）として使われることが多く、支持体の厚さがほとんどないため、裏面より反射する光が表面からの反射とほとんど変わらないという特長がある。

　筆者は、このミラーを分光器の前面に置いて光を分けたり、同軸光学系のシュリーレンシステムのビームスプリッタとして使ったり、1台のレンズから2台のカメラに光を導くときのビームスプリッタとして使ったことがある。非常に薄い膜なので、取り扱いには十分な注意が必要である。一度そのミラー膜を不注意で破ってしまったことがあるが、それほどデリケートな膜面である。

　ペリクルミラーは、35mm一眼レフカメラにも採用されたことがある。古くはキヤノンのカメラ、ペリックスに採用され、最近では、同じキヤノンのEOSに採用されている。一眼レフカメラのレンズとファインダの間には、通常、跳ね上げ式の全反射ミラーがあって、フォーカス時にはレンズからの光をこの反射ミラーですべて反射してファインダに入れている。撮影ボタンを押すとこのミラーが跳ね上がり、レンズからの光はフィルム面側に切り変わる。このように、ミラー跳ね上げ式は非常に画期的な機構で、いつもファインダから被写体が見えてピントも合わせやすいことから、この種のカメラでは一番成功している。

　しかしながら、ミラーが跳ね上がるときにそのショックでカメラが振れたり、1秒間に5コマ以上の連続撮影する場合にはミラーが激しく動いて振動するために、耐久性や使い勝手が問題になっていた。こうした不具合に応えてペリクルミラー

式のカメラが開発された。ペリクルミラーは入射光の35%がファインダに導かれ、残りの65%が撮像面に通るようになっており、常時固定されているので、撮影時のミラーの跳ね上げはなくなる。さらに、長時間露光でもファインダで視野を確認できるメリットがある。しかし、35%の光しかファインダに回されないため、ファインダ自体は暗く、被写体が暗い場合は65%の光しか撮像面に回されないので光量不足になる心配が出てくる。

また、ペリクル膜は半導体製造のフォトマスク(原版)のゴミ除去用のカバーとして大きな需要を見い出している。半導体を製造するとき、フォトレジスト法によって原版を紫外線で基板上に投影して回路を焼き付けているが、そのときに原版にゴミが付着すると回路が正しく焼きつけられない。しかし、原版の前後にペリクル膜でカバーをかけておけば、ペリクル膜上に付着したゴミは焦点が合わないので結像面である基板にゴミが結像する心配がない。

さらに、ペリクルは極めて薄い膜なので、露光経路に介在しても焦点移動の心配がないというメリットがある。こうした特性が活かされて、半導体分野では、たくさんのペリクルフィルムが使われている。この分野では、光源である紫外線の吸収とフォーカスズレを抑えるためにできるだけ薄い膜が望まれていて、0.8μm厚のペリクルも開発されている。

8.8 光の吸収(Absorption)

光の吸収については、「8.4.1 通り抜ける光、捕捉される光」の中で光の透過に関連して説明をした。ここでは、光の吸収についてもう少し具体的な説明を加えたい。

8.8.1 透明物体、白色体、黒色体

光は、本質的には大きさを持っていないためにあらゆる物質に対して透過する能力を持ち合わせている。しかし、物質を構成している電子と光は互いに仲がよく、相互に働きあって光のエネルギーを電子が簡単に捕縛する事実が認められている。この事実から、物には光を通す物体と通さない(吸収してしまう)物体があることが分かる。白色体も黒色体の説明も電子と光の相互関係で説明がつく。

透明体は、物質が光を捕縛せずになおかつ光の進行を邪魔しないものであり、

白色体は、光を捕縛しない物質であるものの結晶塊が不揃いのために光が内部で乱反射を起こして白く見えるものである。黒色体は、光を捕縛する電子をたくさん持っている物体で、なおかつ電気をよく通す物質でもある。黒い物体で電気を通さないものは、物質の表面に比較的深い小さな穴がたくさんあいた構造のもので、光がその穴の中に入って吸収されてしまうものである。黒色アルマイトがその好例である。

色のついた物体は、光を選択吸収するものであり、吸収されなかった波長成分が反射もしくは透過するものである。物質には、光の波長に対して良好な吸収を起こすものがある。酸化銅は緑色であり、コバルトは青、カドミウムは黄色、酸化鉄は赤である。これらの事実は、物質の周りを回っている電子のエネルギー準位と特定波長における光エネルギーの間に密接な関わりがあることを示していて、分子の周りを回っている電子は特定の波長の光を吸収する性質があることを教えてくれている。

そして、純度の高い原子結晶や分子構造のものほどその性質は顕著に見られる。こうした物質は、特定の光を吸収するので色がついて見える。絵画に使われる具材、繊維を染める染料や顔料などは、人類が長い歴史を通じて発見し使用してきた材料である。

8.8.2　カラーフィルタ（Color Filter）

8.7.5項で述べた干渉フィルタと違って、特定の光を吸収して希望する光の波長を透過するフィルタがある。可視光全域に渡って光を吸収するフィルタはサングラスとして知られている。光学フィルタでは、可視光全域を一定の割合で吸収するフィルタのことをND（エヌディ、Neutral Density）フィルタと呼んでいる。

光を吸収するフィルタは、母材の中に特定の波長を吸収する色素や金属、金属イオンを混入させて平面板とするのが一般的である。母材は、ガラスやプラスチック、トリアセテート、ゼラチンなどが使われている。ガラスフィルタは、堅牢で持ち運びやすい特長がある。ガラスフィルタはガラスを作るときに着色剤を混ぜ、るつぼで溶かして色ガラスを作る。使用する着色剤は、クロム、マンガン、鉄、コバルト、ニッケル、セリウム、ネオジウムなど遷移元素を主とする有色イオンと、銅、銀、白金、イオウ、セレンなどの元素を混ぜる場合や、硫化カドミウム、

セレン化カドミウムなどの化合物をコロイド化して着色する方式がある。硫化カドミウムとセレン化カドミウムの組み合わせでは、その混合比によって淡黄色から赤色まで着色が変化する。

8.8.3　ゼラチンフィルタ(Gelatin Filter)

　色ガラスは、ステンドグラスでもよく知られているようにいろいろな色ガラスが作られている。しかし、学術用として使うことを考えた場合、品質の安定性や任意の波長透過が求められ、かつ大形フィルタを作る必要があり、この要求を満たすのに色ガラスは不向きである。コダックのラッテンフィルタ(Wratten Filter)は、厚さが0.1mm±0.01mmで表面をラッカーで塗布したゼラチンでできたフィルタであり、ガラスフィルタに比べ非常にたくさんの種類がある。

　また、母材がゼラチンであるため着色剤(有機色素)をうまく混ぜることができ、均質なフィルタを作ることができる。その上、大形(350×450mm)のものが安価にできるメリットをもあわせ持つ。ただ、母材がゼラチンのため高温、多湿の環境では品質が劣化する。ゼラチン膜をガラスやトリアセテートフィルム、プラスチックに塗布したものや、サンドイッチ構造にしたフィルタもある。ラッテンフィルタは、大形カメラの写真撮影や学術用に幅広く利用されている。

　カラーフィルタの大きな役割は、以下の3つに分けられる。

・CC(Color Compensating)フィルタ
　カラースペクトルの一部を部分的に補正するためのフィルタ。細かい色補正として使われる。R、G、B、Y、M、Cの6色を基本色として、これに濃度の異なったものがそれぞれ用意されている。

・LB(Light Balancing)フィルタ
　光源の色温度を補正するためのフィルタ。色温度を上げるブルー系と色温度を下げるアンバー系の2系統がある。可視光全般にわたっての調整を行う。

・コンバージョンフィルタ
　光源の光の色質をカラーフィルム(銀塩写真)がバランスされている色質に変換するためのフィルタ。LBフィルタに似ているが効果が大きく、色温度を大きく変えることができる。

●●● 光と光の記録［光編その2］— 光の属性・干渉・回折

これらのフィルタは、デジタルカメラの台頭によってデジタル画像がコンピュータ上で色変換を任意にできるようになったため、その役割を徐々に減らしつつある。

8.9　光の散乱（Scattering：レーリー散乱とミー散乱）

　光技術の世界に身を置いていると、ミー散乱という言葉をよく耳にする。難しそうな言葉の響きであるが（確かにミー散乱の理論式は複雑である）、太陽の光を受けた雲の形やタバコの煙の陰影が、実はミー散乱であると聞けばニュアンスは伝わるかと思う。最近では、レーザ光の出現によって純度が高くてきれいな光（ここで使うきれいな光とは、コヒーレントという意味合いを指す）が得られるようになり、このレーザ光を微粒子に当てて光の散乱による微粒径測定を行う研究が多くなった。

　レーザ光は科学的にきれいな光であるため、この光による散乱がミーが唱えた光の散乱理論によく合うことから、レーザ光による微粒子の散乱強度を測定して粒径を計ることが盛んに行われるようになった。ミー散乱もレーリー散乱も粒子が誘電体の場合に当てはまるものである。誘電体とは絶縁体と同類の言葉で、静電気を帯びやすく、内部で正極と負極に別れやすいものを指す。水とか樹脂、油などが誘電体である。

　ミー散乱は、粒子が比較的大きなもの（1〜50μm）に対して用い、粒子が光の波長に対して十分に小さい（1/10以下の）場合の散乱をレーリー散乱と呼んで区別している。レーリー散乱の顕著な例は青空である。太陽光が大気に入射して空気分子に衝突するとそこで散乱が起き、波長の短いものほど散乱強度が高くなるため、大気中に青色波長が散乱し空を青く染めるというものである。反対にミー散乱は、雲や霧、モヤなどに見ることができる。

　ここで散乱という言葉を整理しておきたい。散乱という言葉は、規則正しく光が進まずに四散する感じを受ける。一般に光の散乱という言葉は、大気のチリやホコリによって太陽がモヤった状態のことを「光が散乱」するという言い方をしている。こうした現象は、大気の粒子によって光が反射して四方八方に跳ね返るためであるが、これを散乱という表現で用いている。鏡などは入射光がきれいに反射するので散乱とはいわない。すりガラスや白い紙に光が当たって光る現象は、

厳密には散乱とはいわず乱反射といっている。つまり、反射は、入射角と反射角が等しいときに表現される。

また、光が一定の角度で折れ曲がって進むことを屈折といっている。このほか、光が反射する際に波長に依存して光が強めあったり弱めあったりすることを干渉といい、光が反射・屈折の法則に従わずに回り込むような形で進行することを回折といっている（光の回折については、「8.10 光の回折」を参照）。

散乱は乱反射に近い感じを与えるが、本質的には違う。乱反射は限りなく反射に近くて、反射の法則で説明がつく。散乱は、反射の法則では説明がつかず、回折、干渉を伴った複合的な現象であり、複雑な理論式で導くことができる。散乱という言葉からはちょっと想像できないかもしれないが、波の考えから散乱の挙動を数式化できることはちょっとした驚きである。そうした散乱の科学的考察が、これから紹介するミー散乱、レーリー散乱と呼ばれるものである。

光の散乱には、次のものがある。

・レーリー散乱（Rayleigh Scattering）
　　光の波長よりも小さい粒子が起こす光の散乱
・ミー散乱（Mie Scattering）
　　微少粒子の光の散乱
・ブリルアン散乱（Brillouin Scattering）
　　音波との相互作用による散乱。光ファイバ内の歪計測に利用
・ラマン散乱（Raman Scattering）
　　化学種反応時に放出される光散乱。LIF（レーザ励起蛍光法）に応用
・ブラッグ散乱（Bragg Scattering）
　　X線回折時によく利用される散乱。結晶の散乱
・コンプトン散乱（Compton Scattering）
　　素粒子の衝突に関する散乱

このうちどれだけ光の散乱について知っているだろうか。今回は、このうちの上のふたつとブラッグ散乱に注目して話を進めて行くことにする。ブラッグ散乱は、「8.9.10 ブラッグ散乱」で紹介したい。

8.9.1 レーリー散乱(Rayleigh Scattering)

　レーリー散乱がどうして起きるのかという簡単な例えを紹介したい(図8-27参照)。光は波であるから振動によって進行する。波長が大きい波と小さな波では、物体に当たったときにその挙動が変わる。大きな波はその物体を乗り越えて進行するが、小さい波は物体によってはね返されてしまう。これが微小粒子によるレーリー散乱の基本原理である。そもそも波というのは、波長の長い波ほど踏破性がよい性質を持ち、波長が短くなるほど直進性がよくなる。直進性のよい波は、反面、物質に遮られることが多くなる。電波にしても、AMラジオなどの長波は山などを乗り越えて遠くまで到達するのに対し、FMラジオなどの短波はビルや山に遮られて遠くまで到達しない。

　レーリー散乱は、レーリーの先輩であったチンダルによってその散乱挙動が解き明かされていた。

　レーリーと呼ばれる人は、イギリスの物理学者でかなり有名な人である。ケンブリッジ大学のキャベンディッシュ研究所の所長も務めていて、光の散乱のみならず光の回折限界にも言及した。イギリスはニュートン以来、光学に関してはかなり進んだ研究が行われていた。

　レーリーの唱えた光の散乱理論は、

$$I \propto = 1/\lambda^4 \quad \cdots (76)$$

　　I：光の散乱強度
　　λ：光の波長

で示される関係式が本質的なもので、光の波長が短いと、その4乗に逆比例して散乱が強くなるというものである。したがって、青色と赤色では青のほうが10倍以上強く散乱される。レーリー散乱をもう少し正しく示すと、

$$I = I_0 \times [(8\pi^4 N \alpha^2)/(\lambda^4 R^2)] \times (1 + \cos^2\theta) \quad \cdots (77)$$

　　I：光の散乱強度
　　I_0：入射する光の強度
　　N：散乱数

●●● 自然界の光の性質

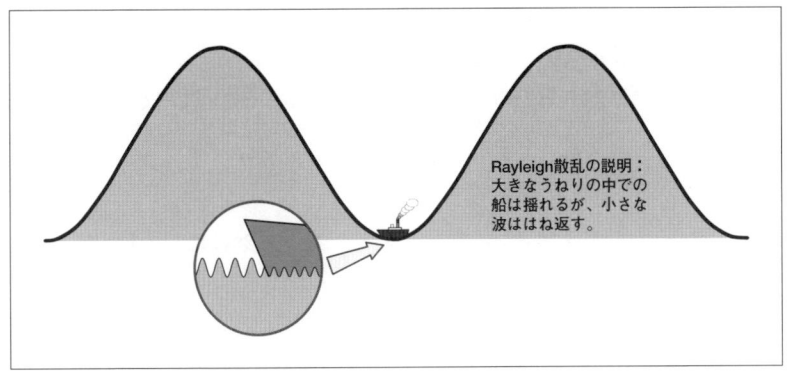

図8-27　レーリー散乱のたとえ

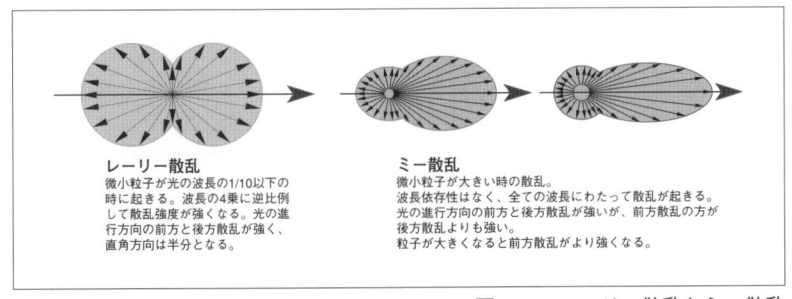

図8-28　レーリー散乱とミー散乱

a：偏光指数
R：散乱ポイントからの距離
θ：光の散乱角度

という関係式になる。
　かなり複雑な式になっているが、模式的な散乱形態は図8-28のようになる。レーリー散乱は、ちょうど落花生やお蚕さんの繭のようなふたつの膨らみを持った形状となる。これは、(77)式の$1+\cos^2\theta$からくるもので、光の進行方向の散乱強度が一番高く、90°方向は半分に減ることが分かる。ミー散乱は、レーリー散乱から少し変型したような形になって前方への散乱が強くなる。ミー散乱では、散乱の際の波長の依存性がなくすべての波長が散乱される。

8.9.2 レーリー卿
(3rd Baron Rayleigh, John William Strutt：1842～1919)

　ここで、散乱研究の祖であるレーリーについて触れておく。レーリーは、イギリスの物理学者でエセックスのラングフォードグローブに大領主の長男として生まれた。エセックスはロンドンの東に位置し、ロンドンに比較的近い。彼の幼少年時代は、体が弱かったため満足な初等教育は受けていない。1861年、ケンブリッジのトリニティ・カレッジに入学し、そこでストークス(流体力学の数学的基盤を確立した有名な学者)に数学を学び啓発される。1865年、23歳のとき、数学優等試験に合格し、スミス賞を受けて卒業した。彼の数学の才能は群を抜いていた。翌年、トリニティ・カレッジのフェローに選ばれた。

　当時、英国の優秀な物理学者の多くはヨーロッパの大学へ旅するのが普通であったが、彼はアメリカ旅行を選んだ。当時のアメリカは南北戦争後の混乱した最中であった。アメリカ旅行の後の1868年、自分の領地で実験設備を買い集めて私的実験室を創設した。1871年、彼が29歳のときに青空の散乱原理を説いたレーリー散乱に関する論文を発表する。1872年、ひどいリウマチ熱に冒され、1年間エジプト、ギリシャで療養し73年に帰国。まもなく父が死亡したため男爵の地位を継ぎ、7,000エーカー(約2,835ヘクタール)の領地管理に専念するが、76年から経営の仕事を弟に委ね、科学的活動を再開した。

　1879年には、実験物理学教授としてマクスウェル(James Clerk Maxwell：1831～1879)の後を継いでケンブリッジのキャベンディッシュ研究所の2代目所長となり、1884年までの5年間その職を務めた。1887年から1905年までチンダルの後継者として王立研究所自然科学教授、1905年から1908年まで王立協会会長、その後、1919年に世を去るまでケンブリッジ名誉総長を務めた。病弱であったが血統がよく、聡明さにも恵まれて位の高い生涯を送った。

　レーリーは、初期は光学や振動系の数学的研究に力を注ぐが、のちには音響、電気、磁気、流体力学などで名を残すほどの貢献をし、古典物理学といわれる19世紀物理学のほぼ全分野にわたって研究を行った。とりわけ、音響学、弾性波の研究は優れており、リウマチ熱の療養中にエジプトで執筆したといわれる「音響学」(Theory of Sound)は、名著として知られている。

8.9.3 レーリーの回折限界

　レーリーはまた、光の回折現象にも触れ、光学器械で識別できる2点間の距離の限界を導き出した。これがレーリーの回折限界として、今日の光学設計を行う人達が光学設計する際のひとつの拠り所となっている。レーリーの回折限界理論を簡単に式に表すと、以下の式で表される。

$$d = 2\lambda F_{No} \cdots (78)$$
　　d：錯乱円（識別できる限界の点の直径）
　　λ：光の波長
　　F_{No}：レンズ口径比（絞り値）

　この式では、レンズの口径比が明るければ明るいほど分解能は向上し、扱う光が短いほど(青色の光)分解能が高いことを示している。たとえば、波長500nmの緑の光をf50mm、F1.2のレンズで撮像した場合の分解能は1.3μmであるが、絞りをF22に絞ると22μmとなる。

　この分解能の理論は、ICチップなど電子回路を製作する際の光によるフォトレジスト過程で、紫外光を用いて緻密な回路を焼き付けたり、半導体レーザを使ってCDやDVDディスクを読みとる場合、レーザ光を青色にしたりする拠り所となっている。

　また、(78)式はおもしろいことを示している。昨今の固体撮像素子(CCD、MOS)カメラの画素は9μm以下にまで小さくなっている。この小さな画素に点像を結ばせたとすると、レンズはF5.6(λ700nm)、F10(λ400nm)以上に絞ると、絞りのために回折像が現れて像がボケてしまう。市販のデジタルカメラは、レンズが必要以上に絞られないようになっている。

　レーリーは物体の識別限界を求めたが、これに遡ること50年前、同じイギリス人の天文学者エアリー(George Biddell Airy：1801〜1892)が光の回折現象より結像する1点はどれだけ優秀なレンズや鏡を使ったとしてもボケができるとして、これを数式を用いて説明した。このボケをエアリーディスクと呼んでいて、ボケを伴った2点間の識別限界が(78)式となる。エアリーについては、後述の回折の項で紹介する。

8.9.4　チンダルとチンダル現象（John Tyndall）

　光学の散乱の先鞭をつけたチンダル（John Tyndall：1820〜1893）は、アイルランド生まれの英国の物理学者である。彼の生い立ちは貧しく、独学によって成人しマンチェスターの鉄道会社を勤めた後、1847年、新設のクィーンウッド大学で数学を教え、1848年、ドイツのマークブルク大学で化学、物理学を学び、1850年に卒業した後、1年間ベルリン大学に学んだ。1853年、王立研究所自然科学教授に選ばれた。彼が選ばれる前にはファラディー（電磁誘導で有名な電気化学者）がその職にあった。このチンダルの後の王立研究所自然科学教授がレーリーである。

　チンダルは、結晶体の磁気的性質を基にへき開の研究を行い、それに関連して氷河運動の研究へ触手を伸ばした。その研究の一環で行った登山は趣味にもなって著名な登山家として名を馳せ、「アルプス紀行」「アルプスの氷河」などの本も著した。彼はアイルランド人らしく、著述と弁が立ったため講義の名手として名声を得ていたようで、50歳のときにアメリカに講演旅行をして富みと名誉を得たようである。また、マイケル・ファラディーの伝記も手がけている。

　彼の最も重要な研究テーマは、大気中の太陽光線や熱輻射であったが、微粒子による散乱光の研究で知られる「チンダル現象」を1868年に発見した。チンダル現象は、液体中や気体中の微粒子の光の散乱について扱ったもので、レーリーで有名になったレーリー散乱の現象についての先鞭を成した。しかし、気体中の微粒子散乱についてはチンダル現象といわずにレーリー散乱と呼び、粒子の大きいものに関してはミー散乱と呼ぶようになった（図8-29）。おそらくチンダルは、現象そのものを科学的に観察したが、数学的手法をして理論付けたのがレーリーであり、ミーであったのだろうと察する。

　チンダルは、散乱について彼の著書の中で次のように述べている。

　「風のない日に遠くの小屋の屋根に立ち上る煙の柱を見ていた。その下のほうの背景は松林で黒く、上方は雲を背景とした明るい空であった。前者の部分は煙を散乱された光で見るので青く、後者の部分は後方からの煙を透過する光で見るので赤っぽかった。」

　これは、レーリー散乱現象（大元はチンダル現象）を捉えた解説でもある。チンダル現象は主に液体中の微粒子の散乱で使われているが、気体中の微粒子の散乱はレーリー散乱ということが多い。

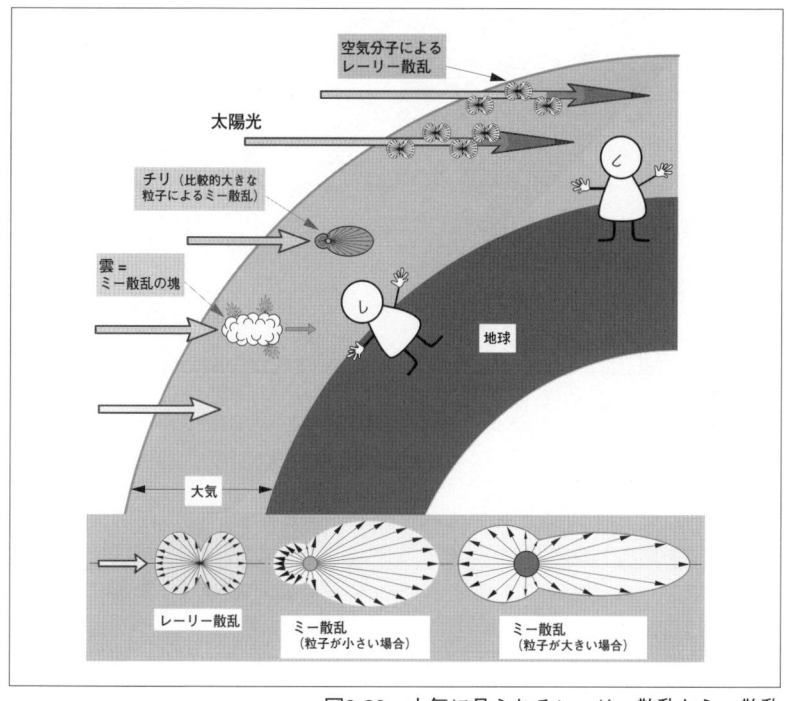

図8-29　大気に見られるレーリー散乱とミー散乱

8.9.5　ミー(Mie)とミー散乱

　ミーと呼ばれる人はそれほど名を知られていない。筆者自身、ミー散乱と呼ばれる言葉を初めて耳にしたとき、ミーというのが果たして人物名であるのかどうかずっと疑問のままであった。その疑問が解け、その名前が人物であったと分かったのはつい最近のことである。それまで、ミーに関していろいろな資料を探してはいるものの、その人物についての詳しいことは分かっていない。ミーは、あまり有名にならずに生涯を閉じたものと思われる。

　ミーは、マクスウェル(James Clerk Maxwell：1831～1879)の電磁誘導理論を基にして光の粒子による散乱の理論式を構築したが、それがあまりにも難解であったため、1969年になってKerkerという人がミーの式に手を加えて後世に広まったようである。つまり、彼とコンピュータの発展のおかげで、ミー散乱が計測手段として使えるようになったといっても差し支えないようである。こうして、大空

●●●● 光と光の記録［光編その2］— 光の属性・干渉・回折

太陽と
90°の方向
青い

太陽のある
方向
白い

図8-30 青空のミー散乱の度合い

に浮かぶ雲も霞もスモッグも、太陽光のミー散乱によって科学的に説明できるようになった(図8-30)。

8.9.6 ミー(Gustav Mie：1868〜1957)

　ミーはドイツの物理学者である。1868年ドイツのRostockに生まれ、自然科学と数学の研究を行った。1891年、Heidelbergで博士号取得。1892年から1902年までKarlsruhe技術大学の物理学研究所で助手を勤め、1902年にGreifswald大学に特別教授としての職を得て、ここで後に有名になるミー散乱の論文を書き上げる。1917年にHalle大学の教授になり、1924年にFreiburg大学に移った。
　ミーは、1908年に球状粒径による光の散乱について最初に考察し公にした人物であるが、散乱を理論立てたのは1969年のKerkerによってである。
　ミーの散乱理論は、微少粒体が球形であること、誘電体であること、均一で等方性があること、光学特性が良好なものを前提として数式化されている。したがって、ミーの散乱式に当てはまる物体は、数μmの液体粒子がうってつけでありエアロゾルの研究などに注目を浴びた。彼の式を用いると虹の現象をも説明できる

そうである。
　ミーの散乱理論は、精緻であったが計算式が膨大かつ複雑であったため、コンピュータが普及する以前はミー散乱式の計算に数表を使って行っていた。近年になって、スーパーコンピュータなどの普及によりミー散乱の式がプログラム化され、シミュレーションなどに役立てられている。

8.9.7　紫煙、白煙、黒煙(smoke)

　タバコの煙を見ていると面白いことに気づく。タバコから立ち上っている煙は紫色をしているのに、人が吸って吐き出したタバコの煙は白いのである。これは何を意味しているのであろうか？　煙草の煙はかなり小さな粒子で(詳しくいうとタバコの煙はガス化したものと粒子状の2種類あり)、その大きさは、0.01～1μm(10～1,000nm)といわれている。それほどタバコの煙は微粒子なのである。レーリー散乱理論によると、粒子が小さい(波長の1/10程度)場合、波長の短いものほど散乱しやすいので、タバコの先から立ち上る煙は光の青色部を強く散乱させ、煙があたかも青色(紫)であるかのように見えるようになる。
　その煙草の煙もタバコの先から立ちのぼって、それが上に上がっていくに連れ拡散して薄くなり、色も白くなる。これは煙が空気に触れることによって水蒸気分子と結びついて粒子が大きくなって、レーリー散乱からミー散乱に変わるためである。タバコの煙を人が吸って吐き出す煙も同じような理由で白く見える。
　車のマフラーから吐き出される排気ガスを注意深く見ると、これも面白いことに気がつく。車によって排出しているガスの煙が違うのである。あるものは真っ黒い煙を出しているディーゼル車であったり、あるものは始動直後と思われる水蒸気を含んだ白い煙であったり、あるものはオイルの燃えかすと思われる紫がかった煙であったりとまちまちである。車の排ガスの色合いも前に述べたようなガス粒子の大きさに関係している。薪の煙にも同じように紫の煙があったり白い煙があったり、黒い煙があったりする。
　黒煙や黒雲などはどうしてそのように見えるのであろうか。白い雲が一転して黒く見えるのは面白いものである。煙突から出る煙も白い煙は違和感がないのに、黒い煙がもうもうと立ち上ると薄気味悪くなる。たき火でもうまく燃えないときの煙は黒くなる。ホコリでも白っぽく見えるホコリと黒っぽく見えるホコリがあ

る。総じて粒子の大きいものほど黒くなり、また、粒子が多くても黒く見える。これは、粒子にあたった光が散乱して、散乱した光がまた粒子に当たって、という具合にたくさんの散乱を繰り返して、見る側に光が出てこず吸収が起きてしまうためと考えられる。大きな粒子はその表面の凸凹が大きくてその谷間に光がトラップされて、反射光が出てこずに黒く見えることもある。また、炭素の塊のように可視光域の光を吸収しやすい物質であれば光が反射しないので黒く見える。

8.9.8　青い瞳(blue eyes)

　意外なことに、北欧人に見られる青い瞳は、実は青空と同じように光の散乱によって青く見えている(図8-31)。これは筆者にとって意外な事実であった。
　ネコの目にも青い瞳を持ったものや緑色のものがある。瞳は、虹彩に青色の色素があるからだと単純に思っていたが、北欧人の青い瞳は、日本人やラテン人、アフリカ人に見られる虹彩内のメラニン色素の量が極端に少なく、メラニン色素による光の吸収よりも散乱が顕著になり、散乱強度の高い青色が多く散乱して青空のように瞳が青く見えるようになる。
　メラニン色素は、褐色の色素で人の皮膚や髪の毛にあり、その色素が多いほど見た目に黒く見える。メラニン色素は人を紫外線から守るためにあるもので、赤道に近い人たちはその色素をたくさん持つため、皮膚が黒く目も黒くなっている。反面、北欧では太陽の光が弱いので色素が少なく、白い肌やブロンズ、金髪の髪、

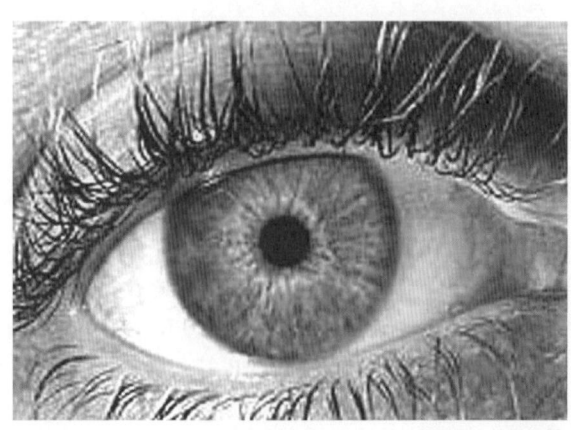

図8-31　青い瞳

青い瞳を持ち合わせることになる。神秘的な青い瞳にもそういう秘密があった。色素の弱い瞳を持った北欧人が太陽を眩しく感じサングラスを使うのもうなずける。北欧人は、夜でもサングラスをかけて違和感がないそうである。日本人は、夜サングラスをかけたら暗すぎて何も見えなくなってしまう。日本人でも東北地方には薄褐色や緑色がかった瞳を持った人たちがいるそうである。青い瞳は劣勢遺伝なので黒い瞳を持つ人との間にできた子どもは間違いなく黒い瞳を持つ。青い瞳を持った黒人はいないことになる。

8.9.9　見える粒子、見えない粒子(invisible particles)

　画像計測の仕事をしていると、いろいろな方から微小なものを可視化したいという相談を持ちかけられる。生物分野でなくても工業分野でも研究対象はどんどん小さくなってきていて、微少物体の振る舞いを高速度カメラで見たいという要求が強くある。しかし、ものを見るには光の散乱・回折現象の理由から、小さい物体に対して限界があることが分かる。光の波長ほど微小な物体でなくても小さいものに対する可視化には多くの困難を伴う。

　代表的なものにインクジェットプリンタの液滴が挙げられる。最近のインクジェットの液滴は小さくなって、1.5pl（ピコリットル）といわれている。この液滴の大きさはどのくらいであろうか。この液滴を完全球体とみなすと、

$$1.5 \times 10^{-12} \times 10^6 \,[\mathrm{mm}^3] = 4\pi r^3/3 \quad \cdots \quad (79)$$
$$r = 7.1\,[\mu\mathrm{m}]$$

という計算結果となり、径14μmの液滴となる。

　14μmの液滴を見るためにはどうしたらよいのであろう。光学顕微鏡には、対物レンズにx5とかx20、x50という刻印が捺されたものがあり、この顕微鏡レンズを用いれば、14μmの液滴を0.7mm程度の大きさに拡大して像とすることができる。この実像を接眼レンズを使って10倍で見たとすると7mmの大きさで人の目に入る。

　人間の目の代わりにCCDカメラを顕微鏡に取り付けるとする。CCDカメラは人の目ほど融通がきかないので、収差を十分にとった撮像素子面全体を覆うに足る

●●● 光と光の記録［光編その2］— 光の属性・干渉・回折

　視野をもったカメラ用の拡大レンズを用意しなければならない。こうした関係からあまり倍率を上げることができないので、対物レンズからの像を2倍程度拡大できる中間レンズをつけて撮影する。この撮影レイアウトでは、14μmのインク滴がCCD上で1.4mmに結像する。撮影に使うCCD素子の1画素が9×9μmであるとすると、156画素分の径のインク滴として撮影できることになる。原理的には写りそうなインク滴であるが撮影してみるとなかなかうまく写らない。うまく写らない問題は、以下の要素が考えられる。

・x50の対物レンズは作動距離が数mmと短く、レンズ先端でインクを飛ばさないとピントが合わない。
・ピント方向の厚さが少なくとも14μmあり顕微鏡のピントの合う範囲が±10μm程度であるためピント合わせが難しい。
・インクの飛翔速度が速くて、非常に短い露光を与えないと液滴が静止画像として写らない（秒速3m/sの液滴は10μsで30μm進む。この距離は液滴の2倍に相当するため、移動ボケの伴ったいわゆる流れた画像となり、0.1μsの露光を行わないと静止画像が得られない）。
・十数μmの微小体を照明する光源はできるだけ小さな点光源でなければならない。大きな光源では光が被写体に回り込み余分な光がレンズに入ってコントラストが低下する。

　したがって、光学顕微鏡ではいろいろな限界があるため、照明法をいろいろ変えてなんとか浮き上がらせようという試みがなされている。小さくて厚みのある物体でしかも動かないものを見るときは走査型電子顕微鏡を使ってシャープな像を得ることが多い。もっとも電子顕微鏡は、物体を真空装置内に入れて電子線を照射する関係上、固体である必要があり（ものによっては物体表面を金で蒸着させる）、また、電子線で物体表面を走査する関係上、高速での画像は不得意である。光学顕微鏡下での撮影には照明が大事である。空中に浮かぶ浮遊微粒子もレーザ光や点光源の光を使わないと浮き上がらないのと同じで、光が回り込むとコントラストが低下してうまく写らない。そして物体が微少であればあるほど、この項で話題にしている光の散乱、回折、干渉作用によって物体を認識することが困難になってしまう。

現実的に、光学レンズで果たしてどこまでの微小物体を見ることができるかというと、光の波の性質からどんなにがんばっても$0.3\mu m$以下は難しいことが理解できる。波長の1/10以下の粒子については光が散乱してしまうので像としての結像ができない。また、後で述べる光の回折によって像を結ぶべき光が周り込んでボケを作ってしまう。光学顕微鏡では1,000倍が理論上限界であることの理由である。それ以上の倍率で観察したい場合には電子顕微鏡を使い、電子顕微鏡でも見ることのできない物質の結晶構造などは、以下で述べる回折散乱光による手法によって構造解析がなされている。

8.9.10　ブラッグ散乱(Bragg Scattering)

　非常に小さな結晶構造を解明する際に使われる手法として、ブラッグが解きあかしたブラッグ散乱による解析が有名である。筆者は、最近になるまでブラッグという人をすっかり忘れていた。ブラッグは、高校の物理で習ったという人もいるようであるが、筆者の持っている高校の教科書「物理B」(実教出版1972年)には載っていない。しかし、高校時代に使った参考書「親切な物理」(渡辺久夫著)には親切に載っていた。おめでたいことに、ブラッグの法則の項目のところにちゃんと赤ペンを走らせて勉強した足跡を残していた。

　仕事の関係上、兵庫県播磨灘研究学園都市にあるSPRing-8の研究施設でX線の画像計測に関わることになり、X線解析をしている一流企業の研究者たちと仕事をする幸運に恵まれた。そこで得られた知見は、X線を使った解析は面白くて奥が深いということと、X線解析に携わる研究者にとってブラッグの法則は、基本中の基本であるということであった。ブラッグを知らずしてX線解析を語るなかれ、といったところであろうか。彼らは、物性物理学のエキスパートで新しい材料の開発や物性(結晶構造)の試験に放射光(X線光源)を使っている。

　X線は、「光と光の記録［光編］　3.3.1　X線光源」でも触れているが、光の仲間に入る恐ろしく粒子性の強い電磁波である。粒子性が強いというのは、波としての性質よりも粒子として捉えた方が理解しやすいということである。X線の粒子性の顕著な例としては、原子に当たると衝突して原子をはね飛ばす作用があること、また原子によってはX線が弾きかえされてそれが散乱という形で現れるということである。X線は当然、波の性質も合わせ持っているので、回折という現象も現

れる。X線解析の基本であるブラッグの法則は、X線の持つ波の特性をうまくいい表わした式である。その公式とはどのようなものなのであろうか。そしてブラッグという人はどのような人なのであろうか。

8.9.11　ブラッグ親子
　　　　（英国Sir. William Henry Bragg：1862〜1942)
　　　　（息子William Lawrence Bragg：1890〜1971)

　X線解析法を編み出したブラッグは、親子で同じ研究を行った。父Henryは1862年、英国Cumberland州Westwardに生まれた。数学の才能に秀でて、ケンブリッジ大学を卒業後、キャベンディッシュ研究所で物理学を研究し、1886年オーストラリアのアデレード大学に赴き数学および物理学の教授の職に就いた。その後、1909年に帰国してリーズ大学教授、1915年よりロンドン大学教授、1923年以降王立研究所長を勤めた。

　放射性物質から放射されるX線と物質の相互作用の実験的研究をはじめたのは、彼がオーストラリアのアデレード大学に在籍しているときで1904年のことである。彼はX線の粒子的特性を実験的に解き明かした。この間、アインシュタインの光量子説を知るようになり、X線やγ線が光の延長として捉えられるとしてその考察をはじめるようになった。

　1912年にラウエ(Max von Laue：1879〜1960、ドイツの物理学者。1914年ノーベル物理学賞受賞)が結晶によるX線回折に成功すると、ただちに1913年から1914年にかけて息子Lawrenceが追実験を行い、この現象が結晶格子面における反射であることをつきとめ、有名な「ブラッグの法則」を導きだした。X線を使った結晶構造の解明は親子の名声を高め、1915年、父Henryは息子のLawrenceと共にノーベル物理学賞を受賞した。

　彼は、息子の解き明かしたブラッグの法則を元に、X線の波長を特定するX線電離分光計を発明し、X線の反射スペクトルの定量測定を可能にした。X線の波長が分かることによって、照射された原子結晶の構造が精度よく解き明かされることになった。

　ブラッグは、父子共々有名な物理学者であり、ブラッグの法則は、息子がケンブリッジ大学を卒業すると同時に研究に着手してその法則を発見した。父親の庇

護のもとに才能の刃を磨いて若い情熱を傾倒させてブラッグの法則を発見した感を受ける。若くしてノーベル賞を受賞した息子もまた大学教授の道を歩み、1919年マンチェスター教授、1937年国立物理学研究所所長、1938年キャベンディッシュ研究所所長、1954年より1966年まで王立研究所所長を勤めている。彼等の研究は、有機化合物の結晶分野に多大なる足跡を残し、生体物質の構造解明の基礎を作った。

8.9.12 ブラッグの法則

以下の式が、有名なブラッグの法則（Bragg's Law）である。

$2d\sin\theta = n\lambda$ ・・・（80）

 d：結晶の間隔
 θ：X線の入射角度（照角）
  （屈折率で扱う入射角とは違う角度）
 n：次数
 λ：X線の波長

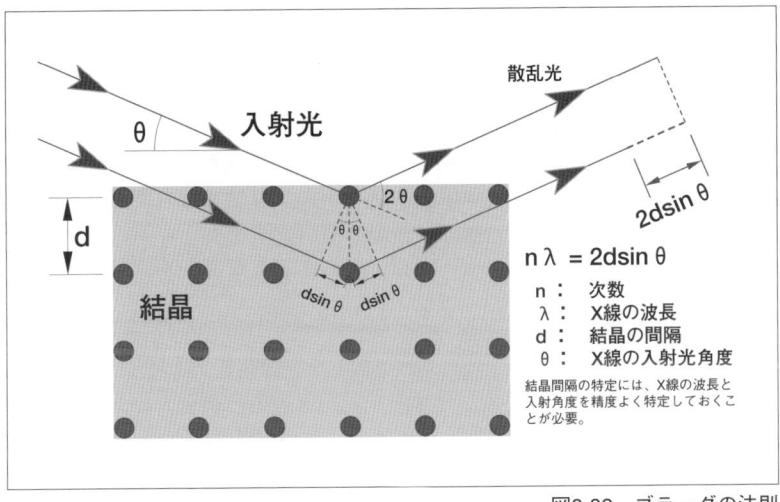

図8-32　ブラッグの法則

模式図を図8-32に示す。X線にとって結晶構造は一種の回折格子であるともとれる(回折については、「8.10　光の回折」参照)。X線が結晶構造にあたると、サブナノメートル単位で配列されている原子間距離はX線の波長に近いために回折格子となって干渉を起こす。(80)式は、可視光での回折条件式と極めて似ている。回折格子(結晶構造)が立体的であるので可視光の回折条件と少し異なるものの、X線が可視光の延長にあり波であることの確かな証拠をこのブラッグの法則から読み取ることができる。

　ブラッグの法則は、結晶間距離によって波長のズレができて、その距離が波長の2の倍数になると干渉によって強められるというものである。結晶構造を解明する研究者達は、結晶に波長のよく分かったX線(λ)を照射し、照射角度(θ)を慎重に変えながら、散乱光強度を検出管で読み取り、結晶間距離(d)を特定している。この実験ではX線の波長が極めて重要で、希望するX線の波長を作るためにX線回折格子が使われる。これは、ブラッグ本人が開発しX線回折による結晶構造解明の先鞭をつけた。

　X線の場合、散乱といっても回折現象と極めて似通った意味で使われていることに気づかされる。

8.10　光の回折(Diffraction)

　光が波である性質のひとつに、光の回折が挙げられる。光の回折を現実に体験できるものに何があるであろうか。

　波の回折といえば、波が障害物に当たったとき、その裏側の部分に波が回り込む現象をもって表されることが多い。ラジオが大きな建造物の裏側でも聞こえるのは、電波の回折によるものであり、物音がついたての向こうから聞こえるのも音の回折のためである。浜辺に押し寄せる波が防波堤の端から回り込むようにして伝わる現象は、波の回折をよく示していて直感的に分かりやすい。光の場合、波の波長が極端に短いため現実的な現象として光の回折を指し示すことが難しい。

　CD(コンパクトディスク)はミクロンオーダの溝加工が施してあり、その表面から反射する光は回折した光である。ビデオカメラの撮像素子であるCCDやCMOSの表面を覗き込むとCDと同様、ミクロンオーダの微細加工が施されているため虹色の回折光を見ることができる。

自然界の光の性質

　光の回折がもっとも顕著に論議されるのは、顕微鏡の拡大率である。顕微鏡による拡大の限界が光の回折から来ていて、回折像によって像にボケが生じるため顕微鏡の拡大率限界の主要因になっている、と聞けば回折の重要さも何となく理解できるのではなかろうか。また、光の「錐(きり)」を作るとき(これは、実際にレーザ加工機やIC素子内の回路製作をする際にできるだけ細いビームを作りたい要求があり、重要な課題となる)、光の回折は避けて通れない問題となっている。
　たとえば、点光源を用いて物体に光を当てその陰を作ったとする。陰影を細かく観察すると、物体に遮られた境界はボケた影となっている。太陽光によってできる陰は、太陽が大きさを持った光源であるので、物体の影は視角が0.5°の丸い光源が作る陰となる。したがって、太陽光によって照らされる物体の影は、影になる本影のまわりを部分的に照らされる半影が縁取りを行うためにボケた陰影像となる。点光源は、太陽光線が作る影よりははるかに先鋭な陰影を落とすことが可能であるが、陰影を鮮明にしようとして点光源をどんどん絞って小さくしていくと、光の回折のために逆にぼけてしまう現象が起きる。
　カメラレンズも、レンズの絞りを絞ることによってボケを大きくしてしまう。絞りを絞ると得られる画像がボケるというのは、意外な感じがするかもしれない。一般的に、カメラ撮影を行う際に、ピントを深く合わせるためにレンズを絞ることを行っているから、絞ると像がボケるというのは直感的にピンとこない。しかしながら、レンズを絞るというのは、ピントのあった位置での像を甘くして、その回りの広範囲を均等にピントの甘くなった像を作る、とも言い換えられる。
　レンズを開放にすると、ピントの合う位置の像はとてもシャープになる。反面、その位置はとても浅く、ピント位置からちょっとでもずれたところでは大きくぼけた像ができてしまう。奥行きのある被写体の撮影はともかく、平面に展開された被写体では、できるだけレンズ絞りを開けて撮影した方がシャープな像が得られる(図8-33)。
　昔、土門拳(1909〜1990、山形県酒田市生まれ)と呼ばれる写真家がいた。彼の作風は「室生寺」に代表される如く、重厚で精緻な作風が真骨頂であった。彼は彼の作品を作るにあたり、レンズ絞りをF64程度まで絞り込んで長時間露光を与える撮影手法を多く取った。筆者は昔、土門拳の作風とエピソードを知って、レンズは絞れば絞るだけ性能が上がるものだと理解していた。しかし、それが誤りであったと気づいたのはかなり年月を経てからである。

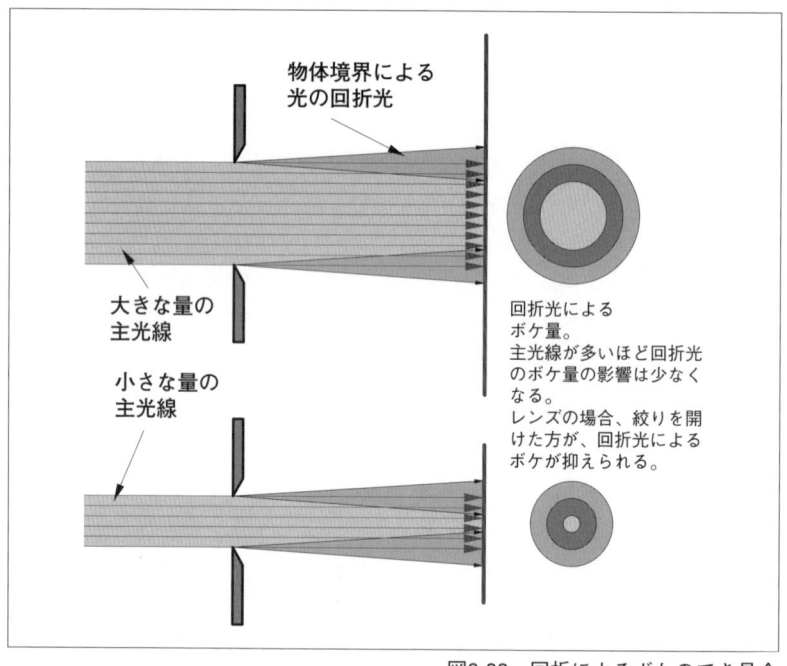

●●● 光と光の記録［光編その2］― 光の属性・干渉・回折

図中ラベル：
- 物体境界による光の回折光
- 大きな量の主光線
- 小さな量の主光線
- 回折光によるボケ量。主光線が多いほど回折光のボケ量の影響は少なくなる。レンズの場合、絞りを開けた方が、回折光によるボケが抑えられる。

図8-33　回折によるボケのでき具合

　土門拳の使ったカメラは、4×5インチ（101.6×127mm）の大判カメラである。このカメラはフィルムのサイズがとても大きく、印画紙に焼くときにそれほどの拡大焼き付けをしない。そのためにレンズの絞り込みによって錯乱円（ボケ）が大きくなったとしても、人間の目の識別限界の0.07mm以上にはならない。それを彼は知っていて、被写界深度が浅くなる長焦点レンズの性能を補うためにレンズ絞りを絞り込んで、画面の隅々まで均一な焦点像を作ったのである。

　同じことを、最近のデジタルカメラで行ったらどうであろうか。デジタルカメラに使われている撮像素子の画素サイズは4μm程度である。2,000×2,000画素としても素子サイズは、8×8mmである。4×5インチのフィルムに比べて1/200倍の面積にしかならない。このカメラのレンズをF64まで絞って撮影したら画素以上の錯乱円が形成されて画像全体がボケたものになってしまうだろう。4μmの画素に点像を結ばせるレンズには回折によるボケが無視できないことがよく理解できる。

8.10.1　ヤングの回折・干渉実験

　現実世界では現象の認知が極めて難しい「光の回折」を実験的に確かめたのが、イギリスの物理学者トーマス・ヤング（Thomas Young：1773〜1829）であった。ヤングの人となりについては、「8.7.10 干渉と回折の祖　トーマス・ヤング」で詳しく触れた。

　図8-34が有名なヤングによる干渉実験の模式図である。1807年、ヤングが34歳のとき、彼は光を細いスリットに導いて、そこから出る（実質的な点光源となる）光をさらに複スリットや針金に照射して、その影に現れる回折縞を観察し、回折現象を研究した。

　ここで注目すべきは、回折の現れ具合である。基本的に光は直進する性質を持つ。回折とは、光が波であるために潜在的に持っているものであり、微細な部分で現れる。したがって、光がたくさん通るところでは回折はたくさんの光量に隠れて顕在化することはない。光が少なく、光を遮る部位が大きいと回折現象は顕著になってくる（図8-33参照）。図8-34のヤングの実験は、非常に小さなスリットを通して光の回折を顕著にさせた。

　この実験でもうひとつ大事なことは、光の回折光を干渉縞として目で見られるように光源を一旦一番目のスリットに通して、そのスリットからの光を再度2番目

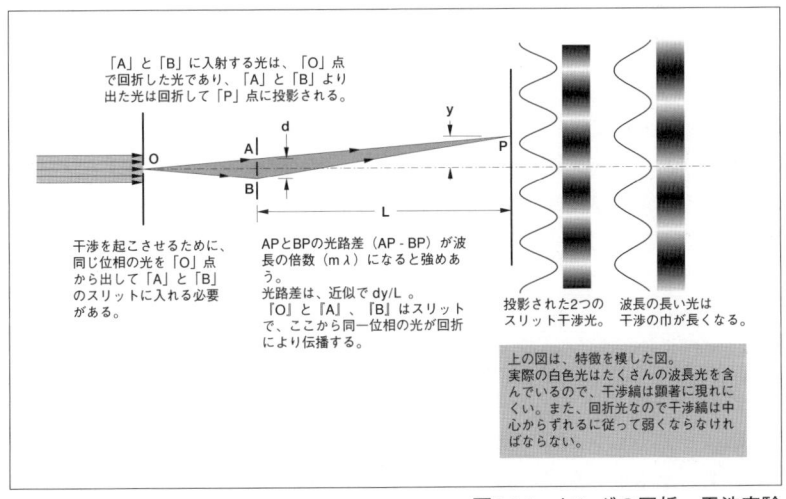

「A」と「B」に入射する光は、「O」点で回折した光であり、「A」と「B」より出た光は回折して「P」点に投影される。

干渉を起こさせるために、同じ位相の光を「O」点から出して「A」と「B」のスリットに入れる必要がある。

APとBPの光路差（AP - BP）が波長の倍数（mλ）になると強めあう。
光路差は、近似で dy/L
「O」と「A」、「B」はスリットで、ここから同一位相の光が回折により伝播する。

投影された2つのスリット干渉光。

波長の長い光は干渉の巾が長くなる。

上の図は、特徴を模した図。実際の白色光はたくさんの波長光を含んでいるので、干渉縞は顕著に現れにくい。また、回折光なので干渉縞は中心からずれるに従って弱くならなければならない。

図8-34　ヤングの回折・干渉実験

●●● 光と光の記録［光編その2］── 光の属性・干渉・回折

に配列したふたつのスリットに入射させ、回折光による干渉を起こさせたことである。光は波ではあるけれど、位相が揃っていないとうまく干渉を起こさないために、ヤングは2段のスリット構造を使って実験を行ったのである。さらに白色光ではいろいろな波長が混ざっているために色フィルタを使って単色光での回折実験を行っている。

　ヤングに先立って、「光が波である」としたのはオランダの物理学者ホイヘンス（Christiaan Huygens：1629～1695）であった。ホイヘンスは、ニュートンと同時代の人であり、日本の江戸時代初期に活躍した人物で、フランスのデカルトやパスカルの影響を強く受けている。彼の手による時計の発明は有名であり、レンズ研磨に関しても秀逸な功績を残していて、自ら作った天体望遠鏡で土星の惑星を発見している。

　ホイヘンスは、1678年に二次波という概念を導入して光の波動論を唱え、光の直進、反射、屈折などを説明した。ホイヘンスが光の波動論を展開し、ニュートンが光の粒子説を唱えて大きな論議となったのは有名な話である。しかし、ホイヘンスの理論では光の直進、反射、屈折を巧みに説明できたものの、光の回折現象を明確に説明することはできなかった。彼の説には波長の概念が明確になっていなかったのである。もっとも波長についてはニュートンも言及していない。光が粒子であるとした彼は、光に波長成分があるという考えすら持ち得るはずがなかったのである。

　ヤングは、ホイヘンスの光の波動論を推し進めて、光の波の性質をさらに詳しく調べていった。彼の新しい発見は、白色光がたくさんの波長によってできていることを見抜き、光の色と波長を特定したことである。彼は、前述した実験を通して、色によって干渉縞の間隔が異なるのに気づいていたのである。ヤングは、それを調べるため、実験装置に光の選択透過を行うフィルタを用いて明暗の間隔を測定し、以下のような見解に達していた。

「太陽光のスペクトルの端の赤色光を構成する波長は、空気中で約1/36,000インチ（710nm）、反対の端の紫光の波長は約1/60,000インチ（420nm）であると考える。そして、それらの全スペクトルの平均値は、約1/45,000インチ（560nm）である。これらの値より既知の光速の値（1807年当時は、正確な光速の値が求められておらず、レーマーが木星の衛星の食から求めた値が当時の最新の値であった）を用いて

波長を計算すると、1秒間に約500兆個の波が目に入ることになる。」

彼は、この実験を通して、光の波長という概念を初めて明確にした。

ヤングの実験と考察の後、光の回折を統一的にまとめ上げたのがフランスの物理学者フレネル（Augustin Jean Fresnel：1788〜1827）である。フレネルについては、「8.6.7 フレネル」で紹介した。

ホイヘンスから150年、ヤングの干渉実験から15年経った1816年、フレネルはヤングとは別に光に波長という概念を与えて、ホイヘンスの二次波を精密に調べ上げ、二次波同士の干渉によって障害物によってできる影の存在、すなわち光の直線性を説明し、併せて影の近傍に生じる細かい明暗の縞が光の波動による回折に起因することを理論づけた。

フレネルのこの発見は、光の粒子説と波動説に分かれていた当時の学説に対して、光の波動説に最終的な軍配をあげた出来事となった。光は、後にマクスウェル、アインシュタインらによって体系づけられる電磁波によって、回折現象がより簡単に説明できるようになった。この概念は、かなり突っ込んだ論議をする場合にはフレネルの理論より正確である。しかし、この理論はとても難しいため、電磁波の理論よりは簡便なフレネルの理論を今でも使っている。フレネルの理論は、細かなところまで正しい説明を与えるので、光学の研究者の間では、いまだ有用な道具とみなされているようである。

8.10.2　レンズの分解能（Resolving Power）

光の回折は、自然界ではあまり顕著に見ることはできないが、レンズの分解能を語るとき、その限界を知る目安となるものである。人は、小さいものを見る場合に、物体に目を近づけて見る。それでももっと小さなもの見たいと思うとき、虫メガネなどの拡大光学装置を使って見る。それでももっと小さいものを見たいときには、光学顕微鏡を使い、それ以上の小さいものは電子顕微鏡を用いる。

この事実は、別の意味で、光を使った拡大装置には見える限界があることを示している。その限界が使用する光源の波長に起因し、光源が波の性質をもっている限り「回折」という現象を伴って「ボケ」を作り、見える物体の拡大限界を作ることになる。

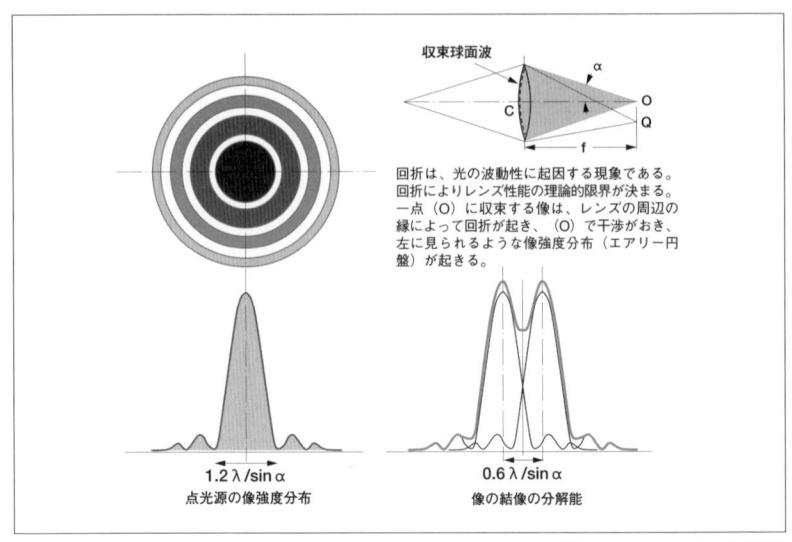

●●● 光と光の記録［光編その2］― 光の属性・干渉・回折

図8-35 レンズの分解能

　点光源が、結像によって点光源とならずに、拡がったりぼけたりするのはレンズの収差と光の回折によるものである。レンズの持つ収差は、レンズ設計によってある程度抑えることができるものの、回折は光の波動性に起因するものなので除去することができず、結像の理論的限界ともいえるものである。
　一点から発した光は結像光学系によって一点に集まり点光源像を作る。そのときの点光源像の強度は、光の回折によって中心部に輝度の強い正規分布に似た山なりの分布となり、その像周辺部には幾重もの輪を持った回折像ができあがる。この輝度分布を持った回折像の大きさが像の理論的な限界であり、2点を識別する限界値（分解能）は、これら回折像の理論式から割り出される。
　点光源像の強度分布は、ホイヘンス・フレネルの原理より以下の式で表される。

$I_o = 1.2 \lambda / \sin \alpha$　　・・・（81）

　　I_o：点光源の強度（ボケの大きさ、許容錯乱円）
　　λ：光の波長
　　α：レンズが像を形成する際、無限遠からレンズに入る光が
　　　　屈折して焦点を結ぶ角度

●●● 自然界の光の性質

　この式は、1827年、天文学者であったイギリス人のエアリー卿（Sir George Biddell Airy：1801〜1892）が、望遠鏡の分解能を考察する際に定義した式で、この分布を持つ点光源像を彼の功績にちなんでエアリーディスク（Airy Disk）と呼んでいる。$\sin a$ は、光を集める力を表すもので、角度が大きいほどたくさんの光を集めることができる。角度 a が大きいほど I_0 の値は小さくなり、$a = 90°$ では、波長の1.2倍のボケになることが分かる。この値は、開口数（Numerical Aperture＝N.A.）のよりどころとなっているもので、この値（$\sin a$）と媒質の屈折率（n）を掛け合わせたものを開口数と呼んでいる。

$$\text{N.A.} = n \sin a \quad \cdots (82)$$

　　N.A.：開口数（Numerical Aperture）
　　n　：媒質の屈折率
　　a　：レンズが像を形成する際、無限遠からレンズに入る光が
　　　　　屈折して焦点を結ぶ角度

開口数（N.A.）は、顕微鏡の性能を示す値としてよく使われている。

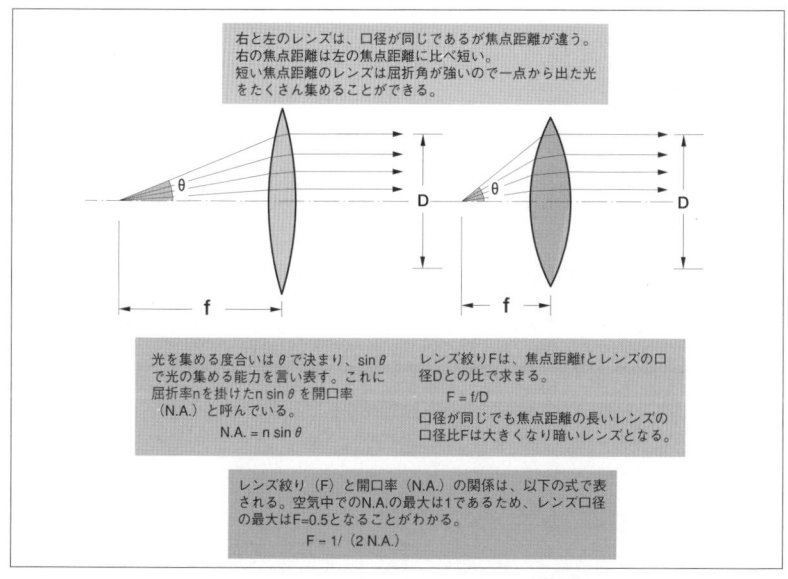

図8-36　N.A.とレンズ絞り

また、我々がよく使っているカメラレンズは、レンズ絞りによって光の量を制限していて、開口数という考えよりも「絞りの値」として使う方が馴染み深い。どちらも光を集める性能を顕す数値であり、レンズ絞り(F)と開口数(N.A.)には次の関係式がある。

$F = 1/(2N.A.) = 1/(2n \sin \alpha)$　　・・・（83）

N.A.を用いて、点光源の像強度分布を示すと、

$I_o = 1.2 \lambda n/N.A.$　・・・（84）
　　I_o：点光源の強度
　　λ：光の波長
　　n：媒質の屈折率
　　N.A.：開口数（Numerical Aperture）

と表すことができる。レンズ絞りで表すと、

$I_o = 2.4 \lambda F$　・・・（85）
　　I_o：点光源の強度
　　λ：光の波長
　　F：レンズ絞り
　　　（カメラレンズは空気中で使うことがほとんどであるため、n＝1とした）

となる。絞りの値が小さいほどボケの量が小さいことがこの式から分かる。先に土門拳のレンズ絞りの話題を出したが、4μm画素のデジタルカメラでは平均波長λを550nmとすると、レンズの絞りがF3以上で画素以上のボケになってしまう。デジタルカメラは、レンズを必要以上に絞れないために、明るいレンズ製作が困難な長焦点レンズと一緒に組み合わせることが苦手なことがこのことから理解できる。

　上式の強度分布を持ったふたつの像をそれぞれ近づけていくと、像は最終的には一致してしまう。ふたつの像が像として識別できる距離が像の分解能となり、

この距離が、

0.6 λ/sin a ・・・（86）
0.6 λ n/N.A. ・・・（87）
1.2 λ F ・・・（88）

となったときを像の限界分解能と呼んでいる。

　これは、ふたつのうちのひとつの回折像に、もうひとつの回折像を近づけて第一暗環が重なったとき、中央のくぼみ（両者の合成強度の中央値）が両脇の最大値の74%になったときの値を示すもので、限界分解能と呼んでいる。

　現在、顕微鏡の開口数で一番性能が良いものは、乾燥系（油や水などに対物レンズを浸して使わない方式）ではN.A.＝0.95であるため、光学顕微鏡で得られる分解能は0.70λが限界となる。したがって、光学顕微鏡の識別分解能は、赤色の光で0.49μmが限界であり、青色では0.28μmとなることが分かる。この値は、別の見方をすると、ものを拡大する光学器械では、使用する光の波長の7割程度の大きさが識別できる限界であることを示している。

　IC（集積回路）の製造には、マスクパターンと呼ばれる写真技術を応用したプロセス（光リソグラフィ）があり、電子回路をシリコンウェハ上に作るとき、電子回路のパターン図面を縮小投影して焼き付ける。このときに使う投影レンズにはとても性能の良いレンズが使われ、そのレンズと一緒に使う光源として光の回折に良好な青色光源が使われている。従来は、水銀のe線（λ＝543nm）が使われ、次にg線（λ＝436nm）が使われていた。光源を短い波長に変えることにより分解能が28%向上し、面積ではその2乗の50%以上の集積度の向上につながった。このプロセスに使用される光源は、先に述べた水銀ランプのe線（λ＝543nm）、g線（λ＝436nm）、i線（λ＝365nm）から、紫外光を発するレーザのKrF（フッ化クリプトン）エキシマレーザ（λ＝248nm）、ArF（フッ化アルゴン）エキシマレーザ（λ＝193nm）に変わってきて、短波長化が進み0.1μm幅の回路設計が可能になってきている。

　コンピュータのCPUに使われる0.25ミクロンルールの回路設計と製造は、紫外レーザを光源に使用した光リソグラフィ技術のたまものといえるべきものである。エキシマレーザについては、「光と光の記録［光編］　4.6.1エキシマレーザ」を参照してほしい。

8.10.3　結像ボケ研究の先駆エアリー(Sir George Biddell Airy)

　レンズによって点を像として結ばせるとき、たとえば、1mmの円を1mmの像として結ばせることができるであろうか。これは可能である。では、1μmの像を1μmの像として結ばせることは可能であろうか。これは、おそろしく難しいことであろう。さらに、0.1μmの物体をレンズを通して0.1μmに結ばせることができるかを考えたとき、通常の光では、不可能という結論にいたる。

　こうした極小点がどのくらいまで小さなものまで像として結ぶことが可能か、あるいは、極小点がボケた像となってしまう限界はどのくらいであるかを最初に解明したのは、エアリー卿(Sir George Biddell Airy：1801～1892)である。非常に小さな点が理論的に一点に集まらずに、像がボケてしまうことをエアリー円盤(Airy Disc)(図8-35参照)と呼んでいる。エアリー円盤の根拠は、光の回折から来ている。

　エアリーその人は、乱視用レンズ(円筒レンズ)を最初に設計した人としても知られている。乱視レンズを考案したのは1825年、24歳のときのことである。彼がレンズの収差を論じはじめるのは1827年、26歳のときで、フランスの物理学者フレネルが没した頃のことである。レーリー散乱で有名なレーリー卿が青空の青さを科学的に解明したのは1871年であるから、エアリーよりも50年も後のことになる。エアリーが点像のボケについて論じたのに対し、後年のレーリーは2点の像分解の限界を科学的に求めた。どちらも光の回折という性質から、どんな理想のレンズを用いても点はボケを持ち、2点が分解できる精度はおのずから限界があるとした。それが先に述べたレンズの分解能である。

　エアリー卿は、本来は天文学者であり、ケンブリッジ天文台、グリニッジ天文台の台長として天文学分野で多大な功績を残した人である。彼は、幼少の頃より数学的才能が秀でていて、1823年にケンブリッジのトリニティカレッジを卒業する。ケンブリッジ大学卒業後、同大学で数学の教鞭をとりながら天文学に関心を持ち、数学を駆使して天文学を究明するようになり、1828年、27歳のときにケンブリッジ天文台の天文学教授、および台長になった。彼は、天文学の分野で地球の子午線の整備や航路の運行の整備を行った。彼はまた、ロンドンの名物ビックベン(Big Ben)時計台の建設にもかかわっている。ビッグベンの建設は、1844年に議会で決められ、1851年(実際はトラブルが続いて完全な完成は後年)に完成を

見た。エアリーが立案した時計の仕様が厳しくて、建設が遅れに遅れたということである。この時計台は、毎時1秒以内に14トンもある大きな鐘(Big Ben)を鳴らし、1日2回その情報をグリニッジ天文台に電信で送るというものであった。

彼は、類いまれな数学的素養があったにもかかわらず、性格が陰湿で強烈な皮肉をこめた物言いをした人柄だったようで、ケンブリッジ大学の10歳後輩であり天才数学者で機械式コンピュータを考案したチャールズ・バベッジ(Charles Babbage)と強烈に反目しあい、彼のコンピュータ開発の邪魔をしたそうである。また、ケンブリッジ大学の数学科を出た20年後輩にあたるジョン・アダムス(John Adams：1819～1892)に対しても、彼が数学的に求めた海王星の発見(1845年、エアリー44歳、アダムス26歳のときの発見)を認めず、発見者の栄誉を握りつぶしてしまった。マイケル・ファラディー(Michael Faraday：1791～1867)に対する態度にいたっては、電磁気学の功績さえも認めなかった。

8.10.4　光の分光―回折格子の原理
(Principle of Grating function)

光の回折作用を利用して、光の波長成分を正確に測定しようという試みが行われ、分光という学問が発達した。分光学が発達することによって、光と光に関わるいろいろなことが分かり、宇宙のこと、原子のふるまいなどがよく分かるようになった。いろいろな波長が混ざった光をきれいに分別して、波長ごとに強度分布を取り出せる装置が分光器である。

分光は、プリズムによっても光を分けることができる。しかし、精度よく波長を分けるには原理的に限界があった。精度よく分光を行う器械が、回折格子(grating)を用いた分光装置である。回折格子は、その字に表れているように光の回折現象を利用している。

回折格子を使った分光器は、光を波長という篩(ふるい)にかけ、極めて精度の高い波長分解能で光の波長組成を測定することが可能である。その原理とはどのようなものであろうか。筆者自身、回折格子がどうして光を精度よく分光するのかよく分からなかった。

回折格子による分光原理は、「8.10.1　ヤングの回折・干渉実験」で述べたヤングの実験にそのヒントが隠されているようである。回折して周り込む光だけでは、

●●● 光と光の記録［光編その2］― 光の属性・干渉・回折

波長のよく分かった光を取り出すことは不可能である。ケガキ（線）の入った回折格子から回折される光が、ケガキの線幅間隔によって干渉を起こし、干渉によって強めあい、強められた波長成分だけを取り出すことによってはじめて分光計測が可能になるのである。

8.10.5　CDに見られる回折現象

図8-37は、読者にお馴染みのCDの記録面である。CDの記録面は、虹色にキラ

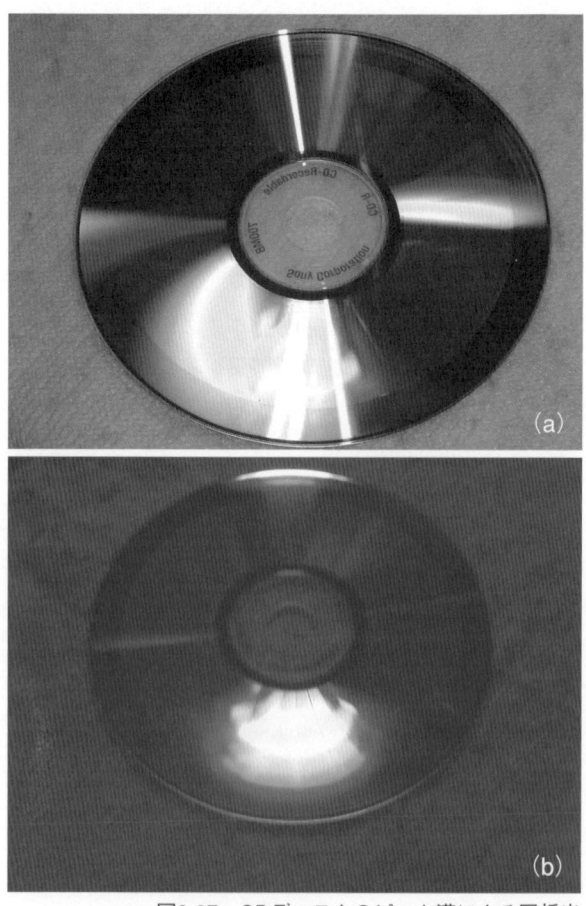

図8-37　CDディスクのピット溝による回折光

●●● 自然界の光の性質

キラと輝いてきれいなものである。このCDの記録面が、実は回折格子の現象を端的に示している好例なのである。虹色に見えるのは、光がCDの記録面の細い溝にあたって回折を起こして分光しているからである。図8-37(a)のCDが複数の光源像の回折光で、(b)のCDが一点から入射した光源の回折光である。(b)のCDの回折像は、CDの中心部が青色で周辺部が赤色になっている。光源(ペンライトによる白色光源)は、CDから見て斜め上方から入射している。光源に対してCDを傾けていくととてもおもしろい現象が生じる(図8-38)。

図8-37に見られる回折した光は、通常の光の反射の法則とはおよそかけ離れた位置で輝いて見える。白色光源をCD面に当てると、入射角度に応じた反射位置ではなく、反射角度位置を挟んだ所に強い虹色光が見える。

虹色光は、目の位置を光の反射する角度に沿って変えていくにつれ、間欠的に現れるようになる。虹色光は反射角度に近いほど強く、離れるほど弱くなる。虹色の出方は、図8-37および図8-38に示されたごとく、赤→青に変化するが(印刷上、図柄が白黒になっているので白い部分が赤、黒い部分が青と理解されたい)、反射角を挟んで反対側ではその並びが対称になっている。

CDの記録面は、同心円状に細かなピットが穿たれていて、その間隔は1.6μmで

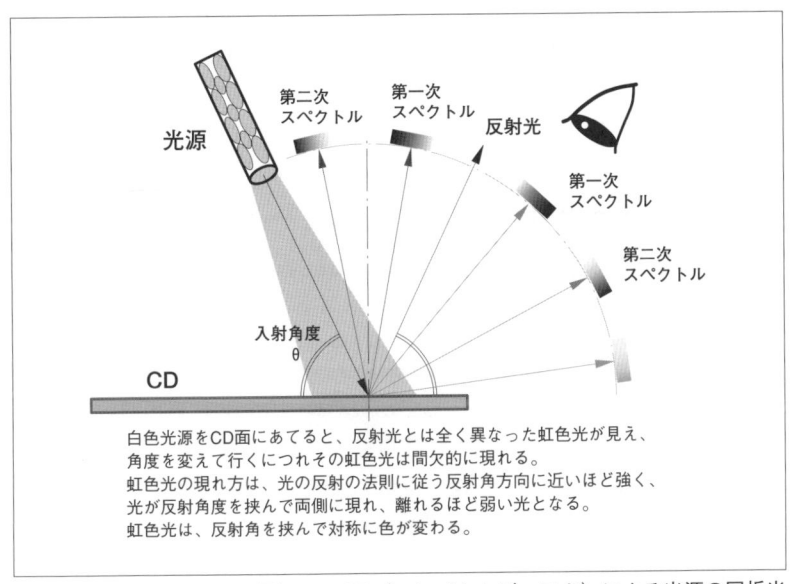

図8-38　CD（コンパクトディスク）による光源の回折光

あるため、1mmあたり625本の溝が形成されている。分光器に使われる回折格子は、1mmあたり200本から2,000本であるから、この数値から見る限りCDの625本は回折格子として十分な性能を持つものであることが分かる。ただし、CDの溝は、円形にカッティングされていて、計測用の回折格子のように直線ではないので、回折光は歪んでしまう。

8.10.6　回折格子の溝

　溝の本数が細かいとなぜ回折現象が顕著に現れるのであろうか？
　光は、本来回折する性質を持ち合わせているものであるが、その性質は簡単には現れない。光が途切れるような溝の縁で回折が起きるものの、その量は他の光にくらべれば微々たるものである。光は、直進するのが本質である。しかしながら光は、本流から外れた末端では回り込む性質をも持ち合わせている。そして末端で現れる割り合いはとても少ない。溝を2本、3本と増やしていくと、その分だけ回折する光は増えるため、溝をできるだけ密に規則正しく作ってやれば規則的な回折光が積算され、かつ光の干渉によって強めあうようになる。
　回折現象の研究に格子を使ったのは、ドイツ人物理学者フラウンホーファー（Joseph von Fraunhofer:1787〜1826)が最初である。彼は、細い針金を平行に並べて回折格子を作った。ガラス板の表面にダイヤモンドでケガキをいれてたくさんの溝を作っても格子ができあがる。

8.10.7　回折格子を使ったレンズ職人 フラウンホーファー
　　　　　（Joseph von Fraunhofer:1787〜1826）

　分光分析で多大な功績を残したヨセフ・フォン・フラウンホーファーは、1787年、貧しいレンズ磨き職人の10番目の末っ子として、ドイツ・バイエルンのシュトラウビングに生まれる。家が貧しく、子だくさんであったため正規の教育をまともに受けさせてもらえず、幼少より父親の仕事を手伝った。彼は、仕事の呑み込みが速かったようで、レンズを磨く技術が卓抜し創意工夫も秀でていた。ナトリウム発光の2本のD線は、彼が父の仕事の手伝いをしているうちに発見したものだったといわれている。11歳のとき両親を亡くして孤児となったため、ミュンヘンのレン

ズ・ガラス製造工場に年季奉公に出た。

　1801年、14歳のときに彼にとって一大転機が訪れる。彼が働いていた工場が倒壊して、その下に生き埋めになってしまった。幸い、数時間後に助け出され一命を取り留めた。そのとき、救命活動にあたっていたのが、彼との運命的な出会いをし、生涯に渡って彼を支援することになる政治家 Joseph Utzschneider（ヨセフ・ウッツシュナイダー）であった。彼は政治家でもあり、光学に強い関心を持った人でもあった。彼は、小国が林立していた当時のドイツにあって、バイエルン地方（ミュンヘンが中心地）の役人として製塩業や林業など殖産興業に尽力し、多くの工業を興した。光学工場もそのひとつである。彼は二度ミュンヘン市長を務めている。彼は、フラウンホーファーの非凡さを見抜き、1806年に創設した光学研究所に職人として雇った。ガラス研磨に習熟していた彼は、スイスのガラス研究家ギナン（Pierre Louis Guinand）の手ほどきを受け、光学ガラス溶融の技術を習得し、品質の良い新しいガラス素材をつくり出した。

　当時、光学ガラス、特に色消しガラスというのは、容易に手に入るものではなく、産業革命の起きたイギリスが圧倒的に市場を支配していた。当時は、良い光学装置を作るのにイギリスから光学ガラスを輸入しなければならなかったのである。しかし、輸入は関税が高くつき、大形で品質の良い光学ガラスなどは本家のイギリスでさえ手法が確立していないため、入手のあてがつかず極めて困難であった。

　政治家ウッツシュナイダー（Joseph Utzschneider）は、バイエルンに高品質の光学ガラス工場を作るべく工場を建設し、光学ガラス製造で当代随一といわれたスイス人ギナンを雇って、1805〜1813年の間、フラウンホーファーに技術を伝授させたのである。

　ギナンは、元来は時計師であったが、眼鏡、レンズ、望遠鏡の製作にも関わっていた。ギナンは1784年、37歳のときにガラスの溶解から良質な光学ガラスを作ろうと決意して艱難辛苦の後、良質な大形フリント・ガラスの製造法を確立した。彼は、1790年(6年後)に、直径18インチ（ϕ460mm）のレンズを作ることに成功したといわれる。そのギナンを、1805年、ギナン58歳のときにウッツシュナイダーが雇ったのである。フラウンホーファーは、技術の呑み込みがよく、1811年以降は、ギナンの手を借りずに光学ガラスを作るまでに成長し、研究所の重職の地位に就いた。ギナンが招聘されたのは1805年から1813年までの8年間である。

●●● 光と光の記録［光編その2］― 光の属性・干渉・回折

　光学ガラス製造の技術を修得したフラウンホーファーは、その後、天体望遠鏡に使う色消しレンズの母材に必要な精密な屈折率を持った光学ガラスの製造に従事し、1817年に完成を見た。彼の手による色消し対物レンズは、直径158mm、焦点距離2,560mmのものがあり、これは太陽光の分光分析に使われた。彼の技術は、顕微鏡の改良にも及び、高精度の光学機器の改良、開発に貢献した。また、1813年には眼鏡団体の代表にもなった。彼はレンズ研磨技術の改良に心血を注ぎ、新しい研磨機を作り品質の良いレンズ製作を可能にした。そしてまた、レンズの研磨剤や接着剤の改良も手がけている。

　彼の功績は、光学ガラス製造時の脈理のない製造法をあみ出したり(非常に均質な精度の高い高品質光学ガラスの製造を可能にした)、レンズ設計に初めて三角光線追跡法(レンズ設計者にとってはもっとも基本の光線追跡法、三角関数によりレンズの屈折率を加味して像のできる位置を計算する手法)を適用した人として知られている。また、精度の高い色消しレンズ製作のために特定の色に対するガラスの屈折率を測定中に、灯油ランプの発光スペクトルに輝線を発見した。

　1814年、彼が27歳のとき、プリズムを使って太陽スペクトルを観察していた際、その中に暗線(フラウンホーファー線)があることを発見し、その暗線がガラスの屈折率や波長測定の基準に使えることを示した。光学設計で、特定の光の波長をC線、D線、F線などと呼ぶことがあるが、これは、彼が太陽光線の中に多数の暗線があるのを発見し、600本ほど発見した中で特に暗線の著しいものを選んで、ローマ字の頭文字(A、B、C、D、E、F、G、H)をあてたのに因む。

　黒線をより精密に測定してその波長を研究した人は、フラウンホーファーが研究した50年後の1868年、スウェーデン人のオングストローム(Anders Jonas Angstrom：1814～1874)である。彼にちなんで波長の単位はオングストロームとなっている。さらに20年後の1882年、アメリカのローランド(Henry Augustus Rowland：1848～1901)は、より精密な回折格子を製作して太陽光線を測定し、赤色から黄色までの領域で約20,000本の黒線があることを突き止めた(ローランドが作った当時の精密な回折格子でも可視域では精度が出なかった)。

　光が波であることは、1600年代のオランダ人ホイヘンスらが気づきはじめていたが、いろんな波長を持ったものであることは1800年代初頭まで分からなかった。光をプリズムで分けたニュートンでさえ、光は粒子であるとして、色が個々の波長を持つという考えに至らなかった。ヤングによって、光の波長の概念が明確に

なった。

　光を波長として捉えることができたのは分光器の発明によるところが大きい。フラウンホーファーは、波長の研究の延長線で最初に回折格子を製作した人として知られている。これは、1821年、34歳のときのことで、260本の細い線を張って回折格子とした。彼は、これを使って実際の発光体の輝線と暗線の波長測定を行い、1821年と1823年の2回に分けて発表した。しかし、当時の光の粒子説、波動説の中では日の目を見ず、注目されはじめたのは、ドイツ人化学者ブンゼン(Robert Wilhelm Bunsen：1811～1899)が分光を化学的に構築して輝線の存在を説明したのと、同じドイツ人物理学者キルヒホッフ(Gustav Robert Kirchhoff：1824～1887)が太陽の暗線を太陽の温度の低い大気によって吸収されたものであることを確認して、地球にある元素が宇宙にも存在することを示してからである。これは、彼の死後のことであり、重要な発見をしたことを知らずに若くして世を去った。ガラス吹きがもとで呼吸器障害(肺結核)を起こし39歳で亡くなった。

　彼の功績は、彼の死後、イエナ大学のアッベ(Ernst Abbe：1840～1905)、ショット(Otto Schott：1851～1935)らの輩出により、新種の光学ガラスが次々に作り出され、カメラレンズ、顕微鏡レンズ、光学機器の発展に繋がった。イタリアで起きたガラス工場と眼鏡の発展、オランダの眼鏡の発展、イギリスのレンズ技術の発展、フランスの数学的考察を経て、ドイツの地道な科学考察と物理学の裏づけで光学ガラスの基礎ができ上がった。そうした系譜の中で無学のフラウンホーファーが築き上げた功績は大きい。

　回折格子に興味を示し回折格子による分光分析の礎を築いたフラウンホーファーであったが、彼の回折格子の研究は彼の周りの者に影響を及ぼさず、彼の趣味のような扱いとなり、彼の死後回折格子の研究開発は埋もれてしまった。

　50年後、回折格子の製作は米国に移り、Johns Hopkins大学のRowland教授によって命を与えられ、天文学分野を筆頭に分光学に大きな息吹をもたらすことになった。

8.10.8　回折の考え方

　回折は、光束の端で現れて中心では現れないことはなんとなく理解できると思う。光をひとつひとつの粒と考える(量子力学では、粒子は波として振る舞う一面

を持っているのでこの考えを取り入れる）と、みんなで手をつないでいるときは、互いの干渉を受けて動きが制限されてしまうのに、端の方では自由になるためにみんなの進む方向とは違う方向に進むような感じである。光はお互いに仲がよくて、みんなといるときはみんなと一緒の振る舞いをするが、仲間と断ち切られるとバラバラの行動を起こすと考えてよさそうである。ならば、分光器に使われる回折格子は、積極的に仲間を規則的に立ち切ってやろう、というものである。レンズの結像の度合いを表す分解能も、エアリー卿が唱えた回折現象からくるボケであることを前に述べたが、この回折は、実はレンズの縁からの回折が影響している。したがって、レンズの縁からの回折光が影響されにくい大きな口径ほど、回折と主光束の割り合いに開きが出て影響を受けにくくなることが分かる。反対に、小さな口径では主光束がたくさん入ってこないために、回折光の量が無視できないものとなりボケが拡がると考えてよさそうである。

　図8-39は、反射型の回折格子を説明する前に、複数のスリットを使ってこれを透過する光が回折と干渉によってどのような像を作るのかを説明したものである。この説明が分かれば反射光で回折する回折格子についても理解していただけると考える。原理は極めて似ている。

　スリットによる回折と干渉は、「8.10.1　ヤングによる光の回折・干渉の実験」の図8-34で紹介した。図8-34では、複数のスリットから出た光は回折によって回り込むように進み、両者の光路差が波長倍になったとき、干渉によって高められることを説明した。ヤングの成功は、同一の光源から発した光をふたつに分けたことである。別々の光源を使ったのでは、決して干渉縞は現れない。

　図8-39では、スリットから出た光は回折光であることを基本としている。そして、複数のスリットから出た回折光は両者の光路差によって干渉縞ができることを示し、なおかつ、スリットが多くなるほど干渉が強調され、縞の幅（線幅）が狭くなって先鋭な輝線が現れるようになることを示している。つまり、それだけ検出する波長の特定精度が上がることになる。スリットは、多くなればなるほどこの傾向が強くなる。スリットによる回折・干渉像は干渉縞として現れ、スリットが多くなればなるほど縞の濃淡がハッキリして分離した干渉縞となる。言い換えると、波長分解能が上がるわけである。

　波長分解能は、干渉縞の次数n（中央部を次数1として、その両脇に現れる干渉縞を2、そのまた両脇を次数3とする）と、スリットの本数mの積に比例し、次の式で

●●● 自然界の光の性質

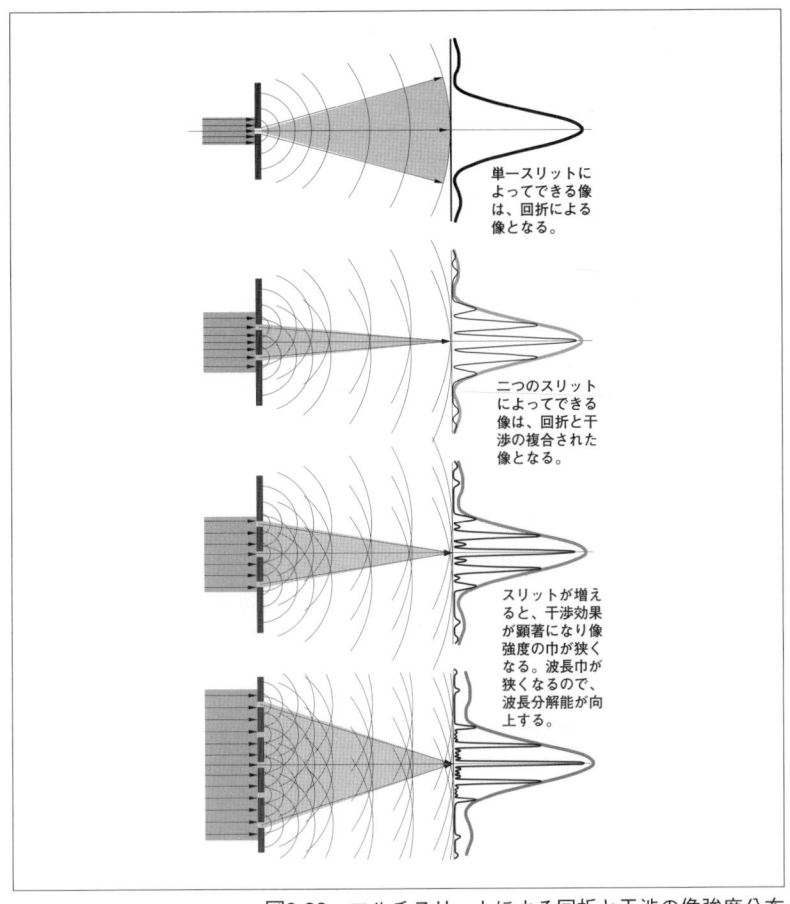

単一スリットによってできる像は、回折による像となる。

二つのスリットによってできる像は、回折と干渉の複合された像となる。

スリットが増えると、干渉効果が顕著になり像強度の巾が狭くなる。波長巾が狭くなるので、波長分解能が向上する。

図8-39　マルチスリットによる回折と干渉の像強度分布

表される。

$$\Delta\lambda = \lambda/(n \times m) \quad \cdots (89)$$

　　$\Delta\lambda$：波長分解能
　　λ：測定したい波長
　　n：干渉縞の次数
　　m：スリットの数

この式は、スリットが多くなればなるほど波長分解能（$\Delta \lambda$）が小さくなって向上することを示している。例を挙げると、次数1のところで100本のスリットを配置して500nm近傍の波長を通したとすると、500nm±5nm（＝495〜505nm）の光が干渉縞として現れるが、それ以上の細かい波長の選別は埋もれてしまい識別することはできないことになる。スリットの数を1,000本にすれば0.5nm、10,000本にすれば0.05nmまで分解して干渉縞を作ることが可能である。スリットの数を増やさなくても次数を上げたところで測定すれば分解能が上がる。しかし、次数の高い所は像強度が低いために暗い像になることと、いろいろな波長の光が混ざって現れてくるために測定に関しては注意が必要になる。基本的には、できるだけ細かなたくさんのスリットを使うと分解能の高い波長を検出できることが(89)式と先に示した図から理解できると思う。

　図8-39では、透過光の場合の回折・干渉を示しているが、たくさんの透過用スリットを加工するのは極めて困難である。1mm当り100本（10μm）程度が限界といわれている。一方、回折格子は、鏡面に細かな傷を規則正しくけがいていけばよいので製作は遥かに楽である。分光器に反射型の回折格子が使われるのはそのためである。

8.10.9　回折格子(Diffraction Grating)

　回折格子を最初に作ったのはドイツ人のフラウンホーファーであるのは前項「8.10.7 回折格子を使ったレンズ職人 フラウンホーファー」で紹介した。この回折格子を精度の高いものにしたのは、1882年、米国Johns Hopkins大学のローランド(Henry Augustus Rowland：1848〜1901)教授によってであり、彼がルーリングエンジン(Ruling Engine)＝刻線機という精密な工作機械を開発してからである。ローランドが勤めたJohns Hopkins大学は、今でこそプリンストン大学と並び称せられる医学と物理学で有名な大学であるが、1876年、大学が創設された当時は、資産家Johns Hopkins氏(1795〜1873)が私財を投じて立てたばかりの小さな大学で、実験設備などほとんどない若い大学であった。

　ローランドは、ヨーロッパの有名大学を訪問して実験装置を買い付け、それを持ち帰り実験家として有名になっていった。回折格子は、彼の実験装置開発活動の一環で発明されたものである。彼が回折格子を作るルーリングエンジンの発明

●●● 自然界の光の性質

をする前までは、ガラス板にケミカルエッジングを施した回折板が天文学分野で使われていた。しかし、当時の回折格子は間隔が粗く精度も出ないので、迷光が多く計測精度が著しく制限されていた。彼は、ルーリングエンジンを使って凹面鏡に精密な回折格子を刻印していった。ローランドは、平板ではなく凹面鏡に添うようにして表面を正確なピッチでケガいていく精密な送りネジを持ったルーリングエンジンを発明したのである。

こうしてできた凹面鏡の回折格子を持つ分光器はローランド式分光器と呼ばれ、彼の分光器で測定した太陽光の分光データは当時の計測装置より10倍もの精度が出たといわれている。それでもまだ、ローランドの回折格子による分光器は、可視光域での性能は十分とはいえなかった。可視光に使うためにはケガキのピッチをもっと狭く正確に刻まなければならなかったのである。

可視光域で使える回折格子の本格的な実用化は、1945年(第二次世界大戦)以降になってからである。それ以前は、波長の長い赤外線用の分光器に使うのが精一杯で、可視域での精度のよい計測には長くプリズムによる分光分析が行われていた。プリズムに代わる性能を持った回折格子が製作できなかったからである。その大きな理由は、格子間隔の精度を10nm(0.01μm)までに収めないと測定されたスペクトルの近傍に微弱な疑スペクトル(ゴースト)が現れ、誤認の恐れが出てくるためであった。

回折格子の製作は、米国が進んでいた。ローランドがルーリングエンジンを使って精度の良い回折格子を作った後、同国のシカゴ大学の教授マイケルソン(Albert Abraham Michelson:1852～1931、アメリカで最初のノーベル賞受賞者。マイケルソンの干渉計が有名)がさらに精度の高いルーリングエンジンを製作する。この刻線機(ルーリングエンジン)は、マイケルソンが自ら発明した干渉計を使って、波長レベル(ナノメートルオーダ)の検証ができるためとても精度が良かった。このルーリングエンジンをMIT(マサチューセッツ工科大学)のGeorge R. Harrison教授と、ボシュロム(Bausch&Lomb)社のDavid Richardson、Robert Wileyの両名によって改良が施され、第二次世界大戦後の1947年に製造を始める。この会社は後に、ボシュロム傘下のリチャードソングレーティング研究所(RGL＝Richardson Grating Laboratory)として有名になった。世界の回折格子を一手に引き受けていたようである。筆者が高校時代に物理で学んだ回折の授業(1970年当時)では、回折格子はボシュロムしか製作できず、ボシュロムが刻線した回折格子のマザーか

●●● 光と光の記録［光編その2］ ─ 光の属性・干渉・回折

らレプリカを作って分光器械に使われたと習った。おそろしく精度の良い刻線の話と意味がよく分からない分光の話が妙にマッチして筆者の記憶の片隅に生き延びていた。

　回折格子の製造は、その後1985年、ボシュロムがこの会社を手放したためにボシュロム社の回折格子事業はなくなった。全世界の理化学器メーカが独自に回折格子を作るようになり、ボシュロム社としては製造販売のうま味がなくなってきたものと思われる。しかし、現在でも RGL（Richardson Grating Lab）ブランドとして回折格子の販売は続けられている。現在、RGLは、親会社が同じであったレーザで有名な米国スペクトラフィジックス社と合流して、その傘下でRGLブランドによる回折格子の製造と販売を行っている。

　ルーリングエンジンを使った回折格子製造も、現在ではレーザ干渉計を用いた高精度の刻線機を使って、1mmあたり200～2,000本の精度のよい回折格子が作られるようになった。

8.10.10　ボシュロム社（Bausch & Lomb）

　ボシュロム社は、1853年、ドイツ移民のJohn Jacob Bauschが運営資金60ドルを彼の友人Henry Lombに借りて、小さな光学製品の製造メーカとしてニューヨーク州ロチェスターに設立した会社である。会社が軌道に乗った後、彼らの名前を取ってボシュロムとした。ボシュロムの最初の事業は、ゴム製の眼鏡フレームの製造販売であり、50年後には双眼鏡、顕微鏡などの製造を手掛け、第一次世界大戦を通してサングラス、軍用光学製品を製造した。

　第二次世界大戦後は理化学分野にも進出した。現在、彼らの事業はコンタクトレンズに代表される「目」に関する医療品に特化し、回折格子や顕微鏡製造の事業からは撤退している。

8.10.11　ブレーズ格子（Blazed Grating）

　回折格子の断面を拡大してみると、図8-40に示されるようなギザギザののこぎり形状をしている。この形状をブレーズ格子（Blazed Grating）と呼んでいる。回折格子のほとんどはこの形状をしている。CDのピット面でも回折を起こすのに、

●●● 自然界の光の性質

[図: ブレーズ回折格子の説明図]

回折格子面

反射型の回折格子の多くはのこぎり状の表面形状をしたブレーズ（Blaze）回折格子を採用している。
回折格子をブレーズ面にすることで回折光を効率よく取り出すことができる。

ブレーズ面に垂直に入射光が入ると、ブレーズ面は鏡面であるから回折しない光はもと来た方向に反射される。こうした回折格子のレイアウトをリトロー（Littrow）配置と呼び、一次回折光が効率よく回折される。この時の波長をブレーズ波長と呼んでいる。

反射光　回折光
入射光
θ ブレーズ角
溝のピッチ ＝ 1/N
N：1mm当たりの溝の本数

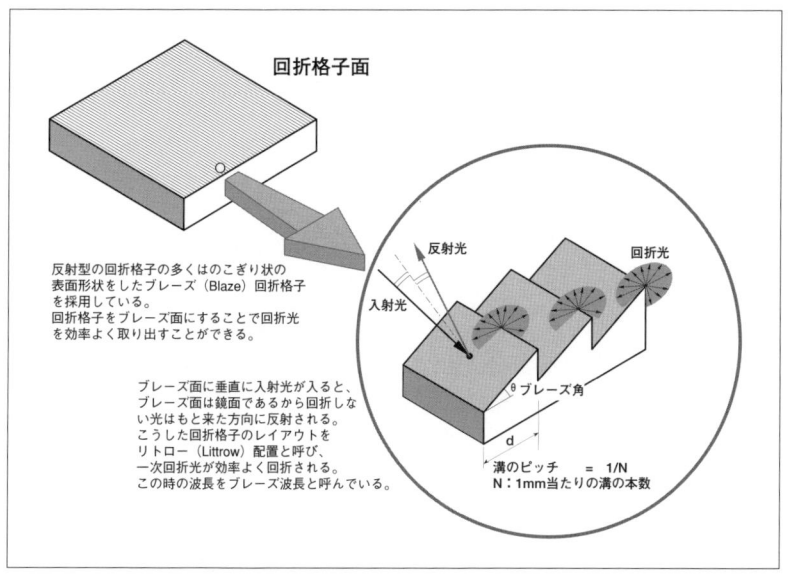

図8-40　ブレーズ回折格子

なぜこのような斜め形状をしているのであろうか。

　Blazeという言葉は、火炎というのが元の意味である。格子面が炎のようにギザギザしていることからこの名前がついたかと推測する。このギザギザに、実は回折光を効率良く取り出せる秘密が隠されている。

　格子の基本面に対して、ギザギザの面（ブレーズ面）が作る角度をブレーズ角度といい、重要な意味を持っている。回折格子をブレーズ面形状にして入射面を斜にすることにより、主光線を元来た方向に返すことができ、回折する射出方向には主光線に煩わされることなく回折像がしっかりと現れるようになる。つまり、平面にケガキを入れて回折格子をつくる場合より、回折光だけが取り出されることになり迷光を抑え精度が向上するのである。

　入射光がブレーズ面に垂直にあたるような配置をリトロー配置（Littrow Configration）と呼んでいる。この配置で回折する一次回折光が一番効率良いものとなるため、この配置で回折される波長をブレーズ波長と呼んでいる。

　ブレーズ波長（$\lambda_{B(Litt)}$）は次の式で表される。

$$\lambda_{B(Litt)} = 2 \times \sin\theta_B / N \quad \cdots (90)$$

　　$\lambda_{B(Litt)}$：ブレーズ波長
　　θ_B：ブレーズ角
　　N：1mmあたりの格子線の本数

　この式で、たとえば、格子線の本数を900本／mmとし、ブレーズ角15°をもつ回折格子は、575nmの波長を効率良く回折することが分かる。また、回折格子の本数(N)が多いほど短い波長の検出が良好になることを示している。可視光で性能の良い回折格子が現れなかったのは、精度のよい細かな刻線が得られなかったためであることが、この式で理解できる。

　リトロー配置のLittorwの名前の由来はよく分からない。ドイツの天文学者Karl Ludwig von Littrow(1811～1877)にちなんでつけられた名前かと思われるが、彼の業績として分光学の顕著な足跡を探しあてられないため、名前由来の特定はできていない。

　ちなみにリトローという名前で、もうひとつ有名なものにリトロープリズム(1862年)というのがある。このプリズムは、頂角30°のプリズムの裏面にアルミ蒸着を施してミラーとするもので、特定の入射光が同じ光路で戻るという特徴を持ち、分光分析に使われている。このプリズムを発明したリトローと、ブレーズ角を利用した回折格子の配置を考案したリトローと同一人物かどうか、筆者には今のところ分かっていない。

8.10.12　回折光の現れ方─理論的な説明

　入射光が複数の連続した波長を持つものであれば、回折されるブレーズ波長の周りには近傍の回折光が現れる(図8-41)。その関係式を次に示す。

$$\sin\alpha + \sin\beta = N \times m \times \lambda \quad \cdots (91)$$

　　α：入射光の入射角（正の値をとる）
　　β：回折光の回折角（負の値をとる）
　　N：1mm当たりの格子線の本数
　　m：回折光の次数
　　λ：回折角βで回折される波長

回折格子をリトロー配置にして入射光の角度をθ_Bとすると、回折角(β)で回折する波長が特定できる式を導きだすことができる。

$$\lambda = (\sin\beta + \sin\theta_B)/(N\times m) \qquad \cdots (92)$$

　上の例で、ブレーズ角θ_Bを15°とし、格子の溝数N＝900本/mm、回折次数m＝1とすると、(87)式は、

$$\lambda_{(nm)} = 1111.11\times(\sin\beta + 0.258819) \qquad \cdots (93)$$

となり、回折角度β＝5.8°〜21.8°の範囲で、λ＝400〜700nmの光が回折されることになる。したがって、400〜700nmの可視光が16°(5.8°〜21.8°)の範囲で現れることになる。回折格子を固定して入射光の角度も固定すれば、入射光の波長に応じて回折光角度が変化する。
　また、逆に回折格子を回転させてブレーズ面と入射光の角度を変化させた場合、回折格子の回転角(ϕ)が分かっていれば、

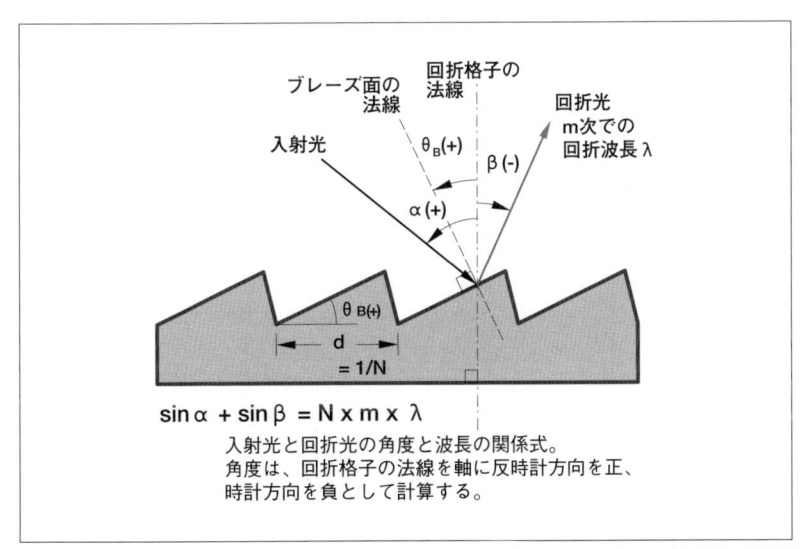

図8-41　ブレーズ回折格子の入射光と回折波長の関係

$$\lambda = (\sin\beta + \sin\theta_B)/(N \times m) \quad \cdots (92)(既述)$$

の式が、

$$\lambda = [\sin(\beta - \phi) + \sin(\theta_B + \phi)]/(N \times m) \quad \cdots (94)$$

$$\lambda = [2\sin((\beta + \theta_B)/2)\cdot\cos((\beta - \theta_B)/2 - \phi)]/(N \times m) \quad \cdots (95)$$

となり、射出光の波長が回折格子の回転とともに変化する。この回転角(ϕ)をネジの送りによって規定し、ネジの送り軸にカウンタを取り付けておけばカウンタの読みが直接波長の値となる。この原理が、平面回折格子を使った分光器が広く使われるようになった大きな理由である。

　この機械構造をサインバー機構と呼び、長く分光器の機構として使われてきた。最近では、ステッピングモータを使ってパルス信号でネジ送りができる電子素子が開発され、コンピュータと連動して精度の良い角度割り出しと制御ができるようになった。

　図8-42が、回折格子に入射した光が回折して現れる回折スペクトルである。この図を見るとCDで示した回折光の意味がよく理解できる。入射した白色光は回折格子で回折し、1次、2次、3次と回折光のスペクトルが現れるのが分かる。0次はすべての光が干渉によって強調される位置であり、すべての光が現れるので入射光と同じ光の成分が現れる。スペクトルは次数が多いほど0次光から離れ、離れるほどスペクトルの出る角度が大きくなる。

　また、隣り合う次数のスペクトルでは、重なり合う領域があるため測定する波長によっては意図しない波長が現れることがある。たとえば、1次光のλ_2近辺の波長と2次光のλ_1近辺の波長が同時に現れる領域がある。この領域ではλ_2と思って測定してもλ_1の光も入ってくるため、入射光にλ_1領域をカットするフィルタを入れる必要がある。スペクトルが重なり合わない領域を自由スペクトル領域という。この領域ではカットフィルタを入れなくても正しい波長を検出することができる。

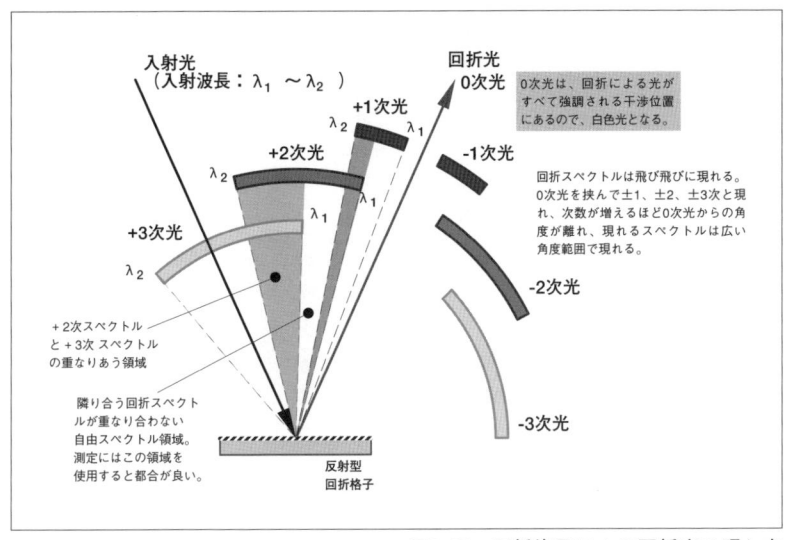

図8-42　回折格子による回折光の現れ方

8.10.13　グレーティングの形状(kind of Gratings)

　回折格子といえばノコギリ状のブレーズ格子が一般的であるが、そのほかに、正弦波状の溝を持ったホログラフィック・グレーティング、CDのピット溝のような矩形状のラミナー・グレーティングがある。これらはブレーズ格子にはない特色があり、特定の分野に使われている(図8-43)。

　たとえば、ホログラフィック・グレーティングは、ブレーズ格子より回折効率はよくないものの広い範囲で回折光が得られるので、広い波長範囲で測定する場合や、赤外波長での使用が多い回折格子である。

　矩形状のラミナー・グレーティングは、上のふたつの格子に比べると2次、4次の偶数次数の回折効率が劣る。しかし、軟X線領域での効率が良いためにこの領域で使用されている。このタイプのグレーティングでは、溝の本数だけでなく溝の深さとデューティレシオ(矩形状の周期幅と溝幅の比)によって回折効率のピーク波長が決定される。

　回折格子の製造は、従来は刻線機械(ルーリングエンジン)を使って、精密に溝を彫ったものを回折格子の母型として、それを複製(レプリカ)したものを使用していた。最近は、レーザ光を光源として用いたフォトレジスト法によって、レー

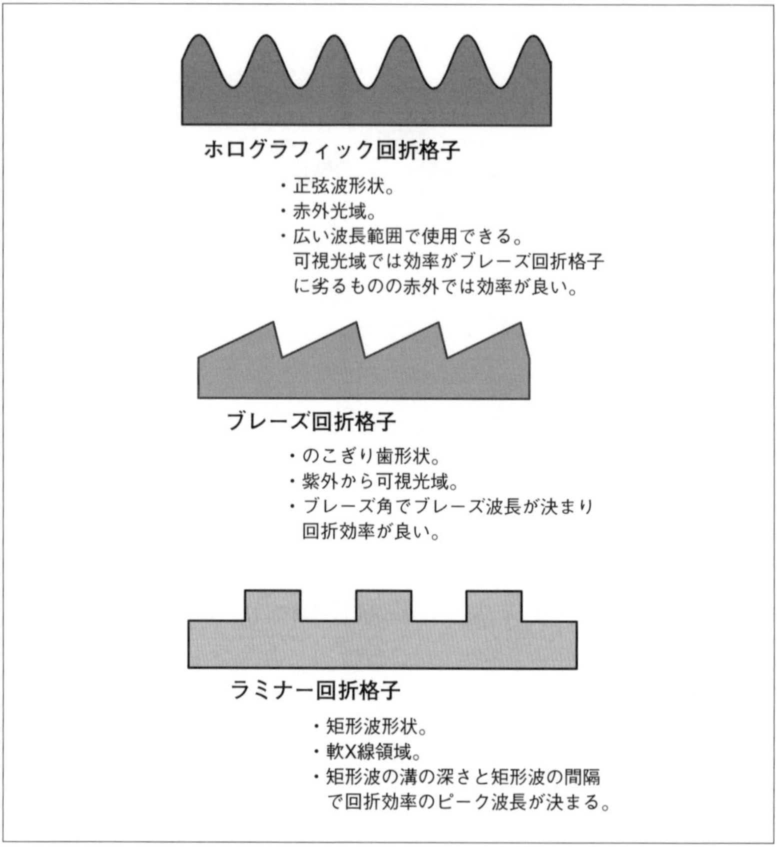

●●● 光と光の記録［光編その2］— 光の属性・干渉・回折

```
ホログラフィック回折格子
・正弦波形状。
・赤外光域。
・広い波長範囲で使用できる。
 可視光域では効率がブレーズ回折格子
 に劣るものの赤外では効率が良い。

ブレーズ回折格子
・のこぎり歯形状。
・紫外から可視光域。
・ブレーズ角でブレーズ波長が決まり
 回折効率が良い。

ラミナー回折格子
・矩形波形状。
・軟X線領域。
・矩形波の溝の深さと矩形波の間隔
 で回折効率のピーク波長が決まる。
```

図8-43　グレーティングの種類

ザの干渉パターンを焼きつけてエッジング処理したホログラフィック・グレーティングが作られるようになり、溝の精度が上がり迷光が格段に抑えられるようになった。

　レプリカ（Replicas）は、ガラス基板に樹脂を乗せて、これをマスタに押し付けて成形している。型が取られた樹脂表面は、そのままでは回折効率が悪いので、表面にコーティングを施している。コーティング材は、アルミ蒸着が一般的で、この材料は紫外から赤外領域に良好な特性を持っている。この他、可視領域にはアルミニウムとフッ化マグネシウム蒸着を施したものが使われたり、赤外領域では金蒸着が行われている。

8.10.14　プリズムによる分光と回折格子による分光

　プリズムを使って、太陽光などを入射させると屈折率の違いによって光を分けることができる。この考えは非常に分かりやすいもので、青い光は屈折が強く赤い光は弱い、という具合に素直に分散する。片や回折格子は、光の回折と干渉という理論から光を分光するもので、その理解がプリズムほど素直にはできない。そのうえ、回折格子は、波長によって輝線の現れる位置が違うために、次数1以外のところではいくつかの波長が同時に現れてしまう。

　回折格子による分光計測が精度よく測定できるまで、光の分光分析はもっぱらプリズムを使って行われていた。回折格子分光の基礎を築いたドイツの光学者フラウンホーファーでさえも太陽光の分光研究（フラウンホーファー線を発見）にはプリズムを使っていた。しかし、現在、精度の高い分光分析を行う場合には回折格子による分光器を使うことが一般常識となっている。なぜ、直感的に理解のできるプリズム分光が、理解の難しい回折格子分光にとって代えられたのであろうか。

　プリズムによる分光は、光の屈折を利用している。そのため、製作するプリズムは材質に極めて良質なものを使わなければならない。また分散した光は連続的に変わるので、分解能を上げて波長成分を特定するような精度が要求される場合には極めて困難となる。

　回折格子は、反射鏡にケガキをいれる間隔によって回折光の干渉が顕著になり分解能が向上する。また、回折格子の間隔によって簡単な計算で回折光の分解能を求めることができ、プリズムと比べて桁違いに精度の良い分光を行うことができる。1mm当り1,000本の回折格子を持つものでは、0.5nmの分解能を得ることができる。

　もうひとつ、回折格子による分光器が発展した理由は、回折格子の回転する角度と取り出す波長の特定が極めてシンプルにできることにあった。プリズムの屈折光はリニアに変化しないために、プリズムを回転させて取り出される波長を特定するのは難しい面があった。平面型回折格子を使ったツェルニー・ターナー方式（「8.10.15.2　ツェルニー・ターナー式分光器」参照）では、回折格子を回転させる機構（サインバー機構）にカウンタを取り付けておけば、カウンタの読みそのものが射出光の波長となった。

●●● 光と光の記録［光編その2］― 光の属性・干渉・回折

　こうした理由から、分光分析では回折格子による分光器が主流になり、米国で画期的な回折格子ができるようになった1800年代の終わりから回折格子による分光分析が主流になっていった。

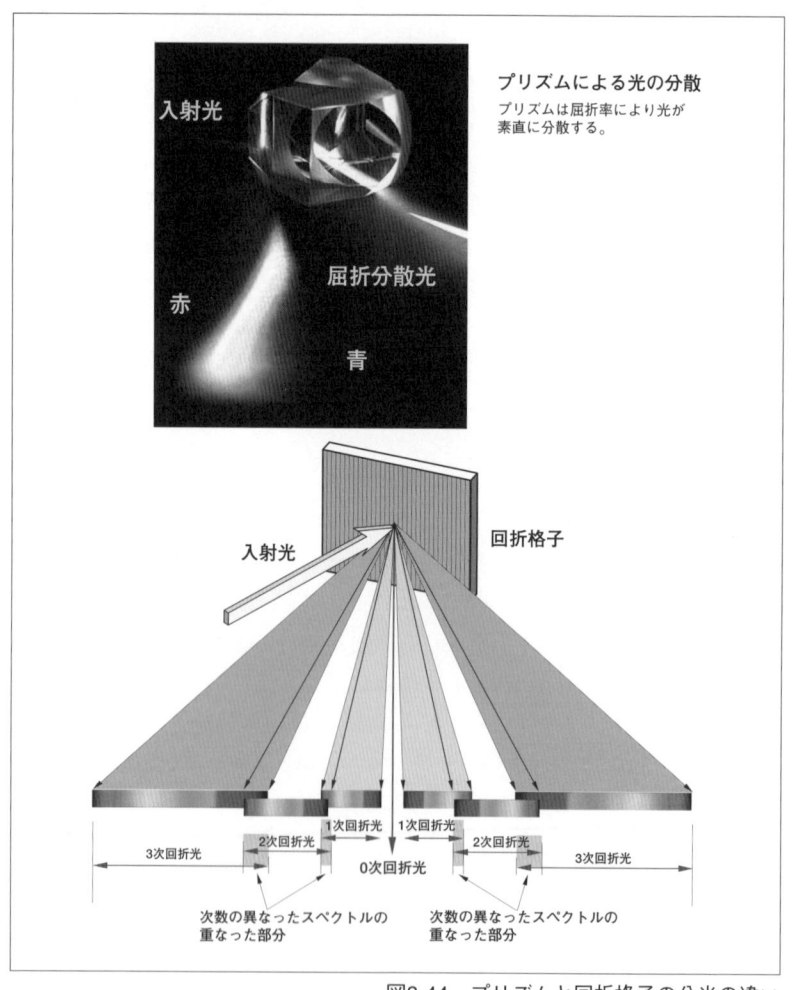

プリズムによる光の分散
プリズムは屈折率により光が素直に分散する。

図8-44　プリズムと回折格子の分光の違い

8.10.15　分光器の基本配置(Principle of Spectrometer)

　分光器の基本を以下に示す。反射型回折格子を使った分光器の基本は、きれいな光線を回折格子に当てることである。この場合のきれいな光線とは、回折格子にあたった光が回折して干渉を起こす場合に、その光線の履歴がよく分かる光線、すなわち入射光を点光源としたり、平行光線にすることを意味する。現在の分光器の多くは、平板の回折格子を使ったCzerny-Turner(ツェルニー・ターナー)式分光器が一般であるが、当初は、精度の良い回折格子を製作したローランドの考案したRowland式分光器が使われていた。ローランド式分光器は、1882年に考案され、ツェルニー・ターナー式は1930年に考案された。

8.10.15.1　ローランド(Rowland)式分光器

　図8-45に示したものが、1882年に米国Johns Hopkins大学教授Rowland(ローランド)博士が考案した凹型回折格子による分光器の原理図である。回折格子には、刻線機(ルーリングエンジン)を使って凹面鏡に刻線を入れたものが使われた。
　この方式は、非常にシンプルなレイアウトで機構部がなく、ローランド円上に入射光部と凹型回折格子を配置すれば、同じローランド円上に回折した光が集まり、決められた波長が決められた位置に集まるというシンプルな構造になっている。この構造は、当時の技術レベルとしては画期的なものであったが、反面、非点収差が大きく球面収差も若干残るので、精密な分光測定には次に述べるツェルニー・ターナー方式が使われるようになった。しかし、レイアウトがとてもシンプルなのでそうしたレイアウトが不可欠な目的や、収差をそれほど問題にしない応用、つまり、測定光が比較的強い場合には今でもよく使われている。この場合、スリットを改良することにより収差を抑えることができるので、利用価値は未だ高いレイアウトとなっている。
　ローランドが考案した最初の分光器は、受光部であるローランド円上に沿って感光材を張り付けて回折光を露光していた。時代が下るにつれ、感光材に変えて光電センサを取り付けて電気的に測定するようになった。光電センサについては、追って別項で深く取り上げるつもりである。光電センサの中でフォトマル(Photo Multiplier、光電子像倍管)と呼ばれる光検出装置は、フォトンカウンティングが

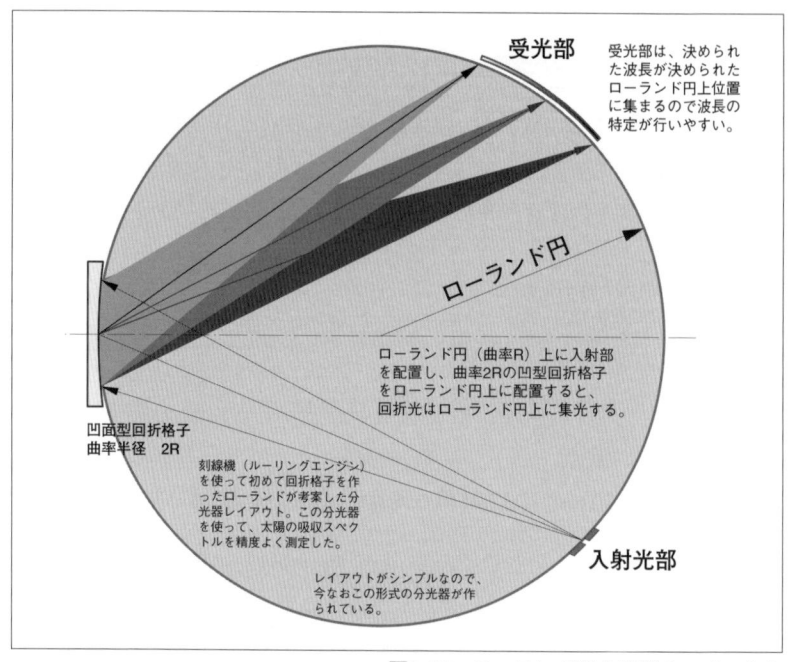

●●● 光と光の記録［光編その2］― 光の属性・干渉・回折

図8-45　ローランド型分光器のレイアウト

できるほど高感度でありこの目的にはぴったりの受光素子であった。

8.10.15.2　ツェルニー・ターナー(Czerny-Turner)式分光器

　ツェルニー・ターナー(Czerny-Turner)式分光器は、1930年に考案された。ローランドの分光器から50年後のことである。この間、いろいろな分光器のレイアウトが目的に応じて考案され、ツェルニー・ターナー以降もたくさんの分光レイアウトが考案された。しかし、現在の分光器では、これらふたつのレイアウトが基本となっているので、代表的な例としてこれらを紹介している。興味深いのは、ローランドを始めツェルニーもターナーも、それに他の分光器に関係した人たちはすべて天文学に関わっていたことである。天文学、とりわけ恒星の光の研究がいかに分光器を望んでいたかを物語るものである。

　現在、ツェルニー(Marianus Czerny:1896〜1985、ドイツ分光学者、ベルリン

自然界の光の性質

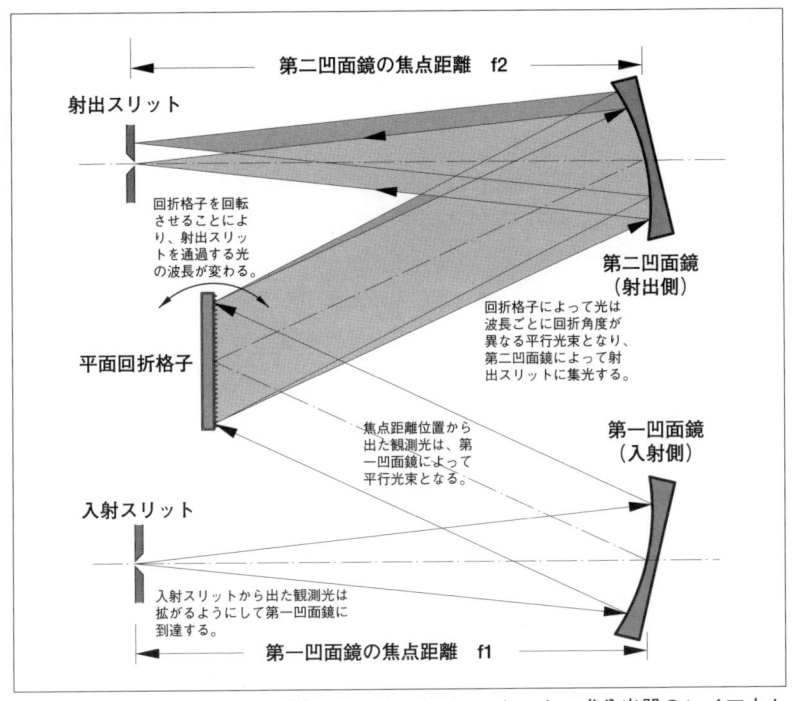

図中ラベル：
- 射出スリット
- 第二凹面鏡の焦点距離 f2
- 回折格子を回転させることにより、射出スリットを通過する光の波長が変わる。
- 第二凹面鏡（射出側）
- 回折格子によって光は波長ごとに回折角度が異なる平行光束となり、第二凹面鏡によって射出スリットに集光する。
- 平面回折格子
- 焦点距離位置から出た観測光は、第一凹面鏡によって平行光束となる。
- 第一凹面鏡（入射側）
- 入射スリット
- 入射スリットから出た観測光は拡がるようにして第一凹面鏡に到達する。
- 第一凹面鏡の焦点距離 f1

図8-46　ツェルニー・ターナー式分光器のレイアウト

大学)とターナー(A.F.Turner)両者の背景をいろいろと調べているが、これといった文献が見当たらず、分光器のタイプの名前としてのみ後世に名を残しているという位置付けしかできていない。

　分光器の発展は、天文学のみならず、量子力学にも大いなる貢献を果たすことになる。アインシュタイン以後、原子の振る舞いを理論づけて実験によって確認する際に精度の良い波長分析は欠かすことのできない手法であった。

　ツェルニー・ターナー式分光器では、平面型回折格子が用いられ、入射側と射出側にそれぞれ凹面鏡が配置されている。ふたつの凹面鏡は、それぞれの焦点位置に入射スリット、射出スリットを配置して、入射光束を平行光束にして回折格子に反射させ、回折格子で回折した光が射出スリットに集光するように構成されている（図8-46）。回折格子に観測する光を平行にして当てるというのが、このタイプの分光器のミソである。回折格子の回転と射出スリットに現れる検出波長の関

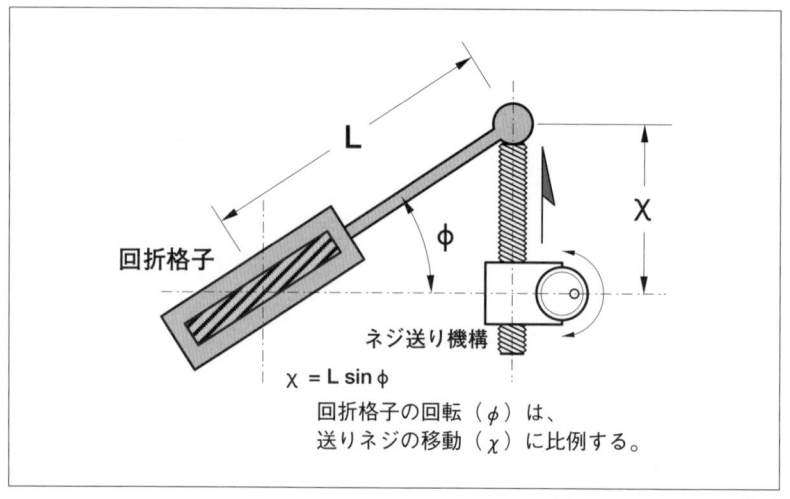

●●● 光と光の記録［光編その2］— 光の属性・干渉・回折

回折格子

ネジ送り機構

$\chi = L \sin \phi$

回折格子の回転（ϕ）は、
送りネジの移動（χ）に比例する。

図8-47　サインバー機構

係が非常に素直な関係式で導かれるので、精密な送りネジとカウンタを付けて回折格子を回すと、カウンタの読みがそのまま検出波長になるという特長を持っている。

　ネジ送りで回折格子を回転させる機構を、サインバー（sine-bar）機構と呼んでいる（図8-47）。サインバーのネジ部にステッピングモータとエンコーダを取り付ければ、コンピュータからサインバー機構を制御できる。この方式は、基本的に一度にたくさんの波長を検出することは不可能であるが、単一の波長を取り出すことが得意で収差も少ないことからモノクロメータ（Monochrometer）として大いに利用されている。

　この分光器では、受光部に光を検出する光電センサが取り付けられる。感光素子として、昔は銀塩フィルムが使われていたが、光電子像倍管（フォトマルチプライア）を使ったり、最近では電子冷却タイプのCCDが使われたり、イメージインテンシファイアが使われている。分光器では、微弱な光を検出することが多いので、感度が高くて長時間の受光でも十分なS/Nを持った検出素子が使われている。

　図8-48がツェルニー・ターナー式分光器の実際の内部レイアウトである。この分光器では、入射スリット、射出スリット、回折格子の回転、フォトディテクタ部が操作者の実際に操作する部位となり、他の部位は固定となっている。入射スリット（S1）では、計測対象物から放射される光を点光源（スリット光源）とする。マイ

●●● 自然界の光の性質

[図: 実際の分光器のレイアウト]

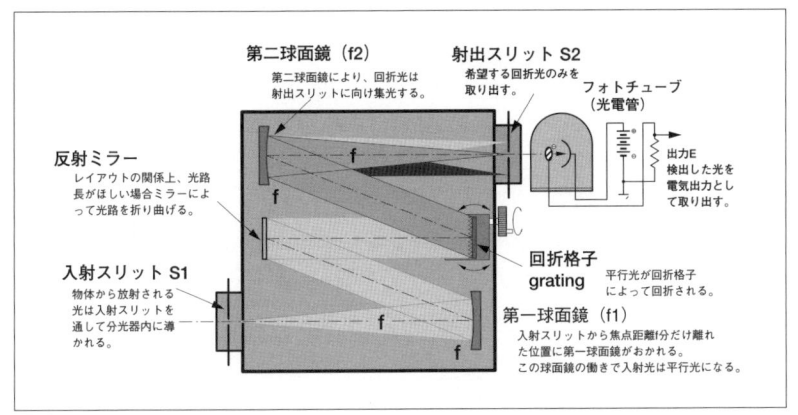

図中ラベル:
- 第二球面鏡（f2）第二球面鏡により、回折光は射出スリットに向け集光する。
- 射出スリット S2　希望する回折光のみを取り出す。
- フォトチューブ（光電管）
- 出力E　検出した光を電気出力として取り出す。
- 反射ミラー　レイアウトの関係上、光路長がはしい場合ミラーによって光路を折り曲げる。
- 入射スリット S1　物体から放射される光は入射スリットを通して分光器内に導かれる。
- 回折格子 grating　平行光が回折格子によって回折される。
- 第一球面鏡（f1）入射スリットから焦点距離分だけ離れた位置に第一球面鏡がおかれる。この球面鏡の働きで入射光は平行光になる。

図8-48　実際の分光器のレイアウト

クロメータによってスリットの幅を0.05mm程度まで調整できるようになっている。入射部は、多くの場合縦長のスリットになっていてスリットの幅で計測精度が決まる。実際の対象物は、入射スリット部ではなく、ここから離れた場所より放射される。分光器（入射スリット部）より離れた位置から放射される光が、このスリット部を通過して分光器内部に入ることになる。

こう考えると、物体から放射される光のうちのほんの少ししかスリットに入らないことになる。入射部がスリット形状になっているのは、回折格子の回折がけがき線方向には回折がほとんどおきず、スリットにしても計測上は問題なく、逆に縦方向の光を採り入れることによりたくさんの光を計測に使うことができるためである。

入射スリットの幅が広いと計測精度が向上しない。入射スリットから第一球面鏡までの距離をその球面鏡の焦点距離にセットすると、入射光は平行光となる。平行光となった光は、回折格子に入射し、多くの分光器では装置をコンパクトに設計する必要上、光路を折り曲げる平面鏡を配置している。回折格子に入射した光は回折して第二球面鏡に入る。第二球面鏡では回折した光が反射して射出スリットに収束する。射出スリットでは、回折格子によって分光された光が透過して光電検出装置に導かれる。回折格子を回転することによって射出スリットを透過する光の波長が変わる。

8.10.16　分光器の計測精度

　回折格子を単なる平面鏡とみなすと、分光器内部の光学レイアウトは入射スリット部の像が射出スリット部に結像されていることが分かる。もし、1対の球面鏡の焦点距離が同じであるならば(実際、ほとんどの分光器が同じ焦点距離の球面鏡を使っている)、入射スリットの像と同じ大きさの像が射出スリットに投影される。このことは、次のように考えて差し支えない。

　入射スリットを$100\mu m$の幅にすると、射出スリット部には$100\mu m$幅の入射スリット像が現れる。一方、分光器内部にある回折格子では、波長成分が分解されて第二球面鏡を介して射出スリットに収束する。その際に、$100\mu m$幅で波長成分が投影される。回折格子の性能が射出スリット上で$100\mu m$幅よりも分解能が良かったとすると、$100\mu m$幅のスリット上には別の波長成分も重なってしまう。多くの場合、スリットの幅より回折格子の性能が良いため、分光器の波長分解能は射出スリットのスリット幅で決定される。

　射出スリットはむやみに狭くしてもスリット部での回折が起きるので、狭くしていっても性能は期待するほどには上がらない。スリット部の幅を狭くしないで分光器の総合性能を上げるには、球面鏡の焦点距離を長くして回折した光の集光距離を長くして相対的にスリット幅を狭くしたのと同じにしている。つまり、球面鏡の焦点距離が長いものほど分解能は上がることになる。分光器性能のパラメータを表8-5に示す。

項目	説明	性能評価
球面鏡の焦点距離 (f)	球面鏡の焦点距離	長いものほど感度が良い。計測分解能が上がる。
球面鏡の口径 (D)	球面鏡の大きさ	大きいものほどたくさんの光を集めるので明るくなる。微弱な光を扱うとき有利。
N.A. (= D/2f)	球面鏡の明るさ	この値が大きいほど明るい鏡
入射スリットの巾	入射する光の制限	スリット巾によって計測できる波長分解能が決まる。
射出スリットの巾	射出する光の制限	スリット巾によって取り出す波長巾が決まる。
回折格子の本数 (本/mm)	回折格子のけがき線の本数	本数が多いほど性能が上がり、可視光域(紫外光域)まで計測できる。
ブレーズ角度	回折格子のギザギザの角度	最も強く回折する波長がこの角度で決まる。

表8-5　分光器性能のパラメータ

最近の分光器は、射出スリット部をオープンにしてスリットに代えてリニアアレイセンサを置くものが増えている。こうすることにより一度にたくさんの波長成分を測定することが可能になる。この際には、リニアアレイセンサの画素の大きさが射出スリットの幅と同じ役割を果たすことになる。このリニアアレイセンサの大きさに合わせて入射スリット部のスリット幅を決める。リニアアレイセンサを出力部に使う場合には入射スリットは大事な働きを持つ。これは、入射スリット部で測定波長精度が決定されることを意味する。

●●● 光と光の記録 [光編その2] ― 光の属性・干渉・回折

第9章

● 索引

1

1/4波長板	76

3

3M	46

A

Abbe	60, 133
Acromatic lens	60
Adams	127
Airy	52, 105, 123
Airy Disc	123, 126
Angstrom	132
Apocromatic lens	60
AR	80
Arago	69, 74

B

Bartholinus	69
Bartholomew	94
Bausch&Lomb	137, 138
Big Ben	126
Biot	69
Blazed Grating	138
blue eyes	110
Bragg Scattering	101, 113
Brewster	66, 73
Brewster's Law	73
Brocklesby	94
Bunsen	133

C

Calcite	69
CCフィルタ	99
CIE	10, 46
coherent	79
Color Filter	98
Compton Scattering	101
critical angle	65
Cryolite	89
Czerny-Turner式分光器	147, 148
C線	60, 61, 132

D

Descartes	31, 50
dielectric	58
Diffraction	116
Diffraction Grating	136
DIN	8
D線	59, 60, 130, 132

F

Fabry-Perot Interferometer	79
Fermat	36, 64
Fluorite	61
Fraunhofer	59, 130
Freiburg大学	108
Fresnel	71, 74, 121
F線	60, 132

G

Gelatin Filter	99

Glan-Thomson Prism	70
grating	127
Greifswald大学	108
Guinand	131

H

Halle大学	108
halo	53
Herapatite	67
Huygens	120

I

Interference	79
Interference Filter, Bandpass Filter	87

J

Johns Hopkins大学	133, 136, 147

K

Karlsruhe技術大学	108
Kerker	107, 108
Kirchhoff	133

L

Land	68
Laue	114
LBフィルタ	99
Light Refraction	49
Littrow Configration	139

M

Mach-Zender Interferometer	80
Malus	69, 70
Maxwell	15, 57, 104, 107
mesopic vision	7
Michelson	33, 137
Mie	107, 108
Mie Scattering	101
mirage	53
Moire Pattern Interference	95
Monge	53
Monochrometer	150

N

N.A.	6, 123
ND	98
Neutral Density	98
Newton	15, 51, 73, 83
Nicol	70
Numerical Aperture	6, 123

P

Pellicle Mirror	96
Photo Multiplier	147
photopic vision	7
Polarization	66
Polaroid	68
P偏光	71

Q

Quarter Wave Plate	76

R

Rainbow	50
Raman Scattering	101
Rayleigh	104
Rayleigh Scattering	101, 102
refractive index	59
Replicas	144
Resolving Power	121
RGL	137, 138
Richardson	137
Rowland	132, 133, 136, 147
Rowland式分光器	147
Royal Society	94
Ruling Engine	136

S

Scattering	100
Schott	133
scotopic vision	7
Smakula	84
smoke	109
Snell	36, 50, 62
Snell's Law	62
SPRing-8	113
S偏光	71

T

Taylor	83
Thin Layer	83
Total Reflection	64
Tyndall	106

U

Utzschneider	131

V

Vince	54

W

Wiley	137
Wratten Filter	99

X

X線	38, 113, 114
X線電離分光計	114

Y

Young	14, 52, 79, 93, 119

Z

Zeiss	84

あ

アインシュタイン	27, 35, 71, 114
青い瞳	110
青空	66, 100, 110
明るさ	17, 19
アクロマート	60
鮮やかさ	17, 19
アダムス	127
アッベ	60, 133
アッベ数	60
アデレード大学	114

索引

アポクロマート	60
アメリカ光学学会	17
アラゴ	69, 74
アルゴンイオンレーザ	69
アルプス紀行	106
アルプスの氷河	106
アレキサンダーの暗帯	52
暗所視	7

い

イリジウム	30
色温度	21, 99
色の規格化	14
インスタントフィルム	68
インタレース	11

う

薄膜	79, 80, 92
ウッツシュナイダー	131
雲母	67, 75

え

エアリー	52, 105, 123, 126
エアリー円盤	126
エアリーディスク	105, 123
映画フィルム	91
エーテル	34, 71
液晶素子	66
エジプト文字	15, 95
エジンバラ大学	70, 73, 94
エネルギーギャップ	42

円偏光	75, 76

お

黄道	26
王立協会	74, 94, 104
王立研究所	94, 104, 106, 114
大判カメラ	118
おぼろ月	53
音響学	104
オングストローム	132
音波	55, 101

か

カーリー	42
皆既日食	25, 27
開口数	78, 123
回折	116
回折限界	105
回折格子	127, 130
回折スペクトル	142
鏡	43
角膜	3
確率論	64
過剰虹	52
カドミウム	35, 98
カラーフィルタ	98
ガリレオ	31, 36
眼鏡	48, 60, 62, 65, 131, 133
干渉	79
桿状体	7
桿状体細胞	7

159

干渉フィルタ	80, 87		顕微鏡	62, 111
岩石顕微鏡	76		ケンブリッジ大学	94, 102, 114, 126

き

幾何光学	36, 49, 69
ギナン	131
キャベンディッシュ研究所	102, 114
吸収	38, 97
キューリー夫妻	67
キルヒホッフ	133
金環食	26
金属干渉フィルタ	88

く

クィーンウッド大学	106
屈折	49
屈折光学（Dioptrik）	36
屈折率	59
屈折力	4, 61
クライオライト	90
グラン・トムソンプリズム	70, 76
グリニッジ天文台	126
クリプトン	29
クリプトン元素	29
クロート	41

け

月食	25
ゲッチンゲン大学	94
ケプラー	31, 36
原子時計	35

こ

虹彩	3, 110
格子振動	43
光速	29, 57
光速実験	31, 32, 33
光弾性	66
光電子像倍管	147, 150
光路可逆の原理	64
コーシー	75
コーティング	49, 83
コーナーキューブ	45
コールドフィルタ	91
コールドミラー	91
黒煙	109
国際照明学会	10, 16
国際度量衡委員会総会	35
黒色体	97
刻線機	136, 147
刻線機械	143
コヒーレント光	79
コロイド化	99
コロンブス	25
コンバージョンフィルタ	99
コンプトン散乱	101

さ

再帰性反射	46
彩度	17, 19

索引

サインバー機構	142, 150
サロス周期	26
酸化アルミニウム	45, 86
酸化シリコン	45, 86
三原色	14
残像	10
散乱	100

し

紫煙	109
視角	3, 117
視覚認識	2
色相	17, 19
色度図	9, 16
視細胞	2, 7, 11, 14
視神経	2, 11, 94
自然哲学講議	94
視線誘導標	45
シャイネル	36
シャボン玉	79, 83
シャンポリオン	95
主虹	52
ショット	133
不知火	54
蜃気楼	53
真空蒸着法	85

す

水晶体	3, 4, 11
錐状体	7
錐状体細胞	9, 14

スコッチライト	46
ストークス	104
スネル	36, 50, 62
スネルの法則	50, 62
スモーリ	42

せ

赤外線	43, 55
セシウム	35
絶縁体	57, 100
ゼラチンフィルタ	99
セルロイド	68, 91
セント・バーソロミュー	94
全反射	64

そ

走査線	10
相対性原理	27
ソノブイ	56

た

ダイクロイックミラー	90
ダイクローム	67
ダイヤモンド	41, 48, 61, 65
楕円偏光	75
タバコの煙	100, 109
タレーラン	30
炭酸カルシウム	69
炭素	41

161

ち

直線偏光	75
チンダル	102, 106
チンダル現象	106

つ

ツェルニー・ターナー	148
ツェルニー・ターナー式分光器	147, 149

て

ディオプタ	4
テーラー	83
デカルト	31, 36, 50, 64, 120
電気石	67, 68
点光源	27
電子	39
電磁波	55, 57
電磁波理論	57, 71
天体望遠鏡	36, 132

と

透明物体	97
時計の発明	120
土門拳	117
富山湾の蜃気楼	54
トルマリン	67

な

ナトリウムガス	59
ナトリウム光源	59
ナポレオン	30, 53, 95

に

逃げ水	53
ニコル	70
ニコルプリズム	70, 76
虹	50
虹の現象	108
二次波	120
日食	25
ニトロセルロース	96
ニュートン	14, 15, 51, 73, 83, 93, 120, 132
ニュートンスケール	83
ニュートンの薄膜研究	83
ニュートンリング	79, 94

ね

熱反射ミラー	91

は

パーフォレーション	91
白煙	109
白色体	97
白道	26
薄明視	7
パスカル	64, 120
白金	30, 88, 98
波長	15, 60
波長板	76
波動光学理論	52, 94
バベッジ	127
バルトリヌス	69
ハロー現象	53

索引

反射シート	45
反射板	45, 46
反射偏光	70
反射防止膜	80, 83
反射率	47, 84
半導体レーザ	77
バンド・ギャップ・エネルギー	42
バンドパスフィルタ	80, 87

ひ

ビームスプリッタ	78, 96
ヒエログリフ	95
ビオ	69, 74
日暈	53
光の屈折	49, 145
光の散乱	37, 100, 108
光の速度	29, 31, 57
光の直進	24, 36
光の反射	36
非金属（誘電体）干渉フィルタ	88
比色法	17
ビックベン	126
比透磁率	57
ヒトの眼	3
ヒトの眼の感度	7
比誘電率	57
氷晶石	86, 89
ビンズ	54
ビンズの現象	54

ふ

ファブリ・ペロー干渉計	79
ファラディー	106, 127
フィゾー	32
フーコー	33
フェルマー	36, 64
フェルマーの原理	64
フォトマル	147
複屈折現象	69
副虹	52
フッ化カルシウム	43, 61
フッ化セシウム	86
フッ化マグネシウム	45, 84, 86, 89, 144
フラーレン	41
フラウンホーファー	59, 130, 145
フラウンホーファー線	59, 132
プラスチックレンズ	60
ブラッグ親子	114
ブラッグ散乱	101, 113
ブラッグの法則	114, 115
ブラックホール	27
プランク	21
プリズム	145
ブリュースター	66, 68, 69, 73
ブリュースター角	71, 73
ブリュースターの法則	73
ブリュースター窓	66, 73
ブリルアン散乱	101
ブレーズ格子	138, 143
フレネル	74, 121
フレネルレンズ	74

フレネルロム波長板	76
ブンゼン	133

へ

ヘラパタイト	67
ヘリウムネオンレーザ	28, 35, 66, 77
ペリクルフィルム	97
ペリクルミラー	96
ペリックス	96
ベリリウム	55
ヘリング	14
ヘルツ	15
ヘルムホルツ	14, 35, 94
偏光	66, 69, 70, 75
偏光角	66, 69, 73
偏光顕微鏡	66, 76
偏光素子	66, 70, 76
偏光板	28, 67, 68
偏光フィルタ	67, 68, 73

ほ

ホイヘンス	62, 69, 74, 79, 120, 132
方解石	67, 69, 70
保護膜	44
ボシュロム	137
ボシュロム社	137, 138
ホタル石	61
ポラロイド	67, 68, 76
ホログラフィック・グレーティング	143

ま

マイクロビーズ	45
マイクロプリズム	45
マイケルソン	33, 137
マイケルソン干渉計	34, 79
マクスウェル	15, 57, 71, 93, 104, 107, 121
マッハ・ツェンダ干渉計	79
マリュス	69, 70
万華鏡	68, 73
マンセル	17
マンセル値	17
マンセル表色系	17
マンセル色立体	19

み

ミー	100, 106, 107, 108
ミー散乱	100, 101, 106, 107, 109
ミツバチ	67

め

明視の距離	6, 12
明所視	7
明度	17, 19
メートル	29, 30, 31, 35
メートル原器	30, 31, 34, 35
メガネの反射防止膜	80
目の反応時間	10
メラニン色素	110

も

モアレ干渉	95

索引

網膜	2, 3, 7, 11, 14, 94
網膜細胞	11
網膜神経	6
モノクロメータ	150
モンジュ	53
モンジュの現象	53

や

ヤング	14, 52, 69, 74, 79, 93, 119, 132, 134
ヤングの干渉実験	94, 119
ヤング率	15, 95
ヤンセン	62

ゆ

ユークリッド	50
有色イオン	98
誘電体	57, 88, 100, 108
誘電体多層膜フィルタ	90

ら

ラウエ	114
ラッテンフィルタ	99
ラプラス	74
ラマン散乱	101
ラミナー・グレーティング	143
ランド博士	68
乱反射	37, 98, 101

り

リーズ大学	114
リチャードソングレーティング研究所	137

立体表色	17
リトロー配置	139, 141
リトロープリズム	140
硫化亜鉛	86, 89
臨界角	65

る

ルーリングエンジン	136, 143, 147

れ

レーウェンフック	62
レーザ光	28, 46, 66, 75, 78, 100
レーザの発振	31, 35
レーマー	31, 120
レーリー卿	104, 126
レーリー散乱	101, 102, 104, 106, 109, 126
レプリカ	143, 144
レンズ	65
レンズコーティング	80, 83, 92
レンズの分解能	121
レンズ焼け	83

ろ

ローランド	132, 136, 147
ローランド式分光器	137, 147
ロゼッタ石	15, 95
ロンドン大学	114

■ さいごに

　「光と光の記録」の「光編」は、第一巻を含めて2巻構成となってしまった。第一巻を書き終えたとき、光の属性について寄り道をする必要があることに気づいたからである。その寄り道がかなりの量となり、一つの単行本としてまとめられるくらいの量になった。しかし、この寄り道も大切なものだと考えている。最近の光学機器は、CDにせよDVDにせよ、また光通信にせよ、偏光や全反射などの光の性質を利用したものが多用されていて、光の基礎知識なしには理解し得ないからである。

　筆者の素朴な疑問のもう一つの柱である「光の記録」を紹介するまでには、まだ誌面を費やさねばならない。光を記録する前に、光を伝達させる「レンズ」について触れないわけにはいかないからである。

　読者の暖かい応援と発行所である産業開発機構（株）の暖かい支援が叶えば、「レンズ」にも立ち入ってみたいと考えている。そして、筆者の最終到達点である、光の記録（CCD、CMOS、銀塩フィルム）にたどり着ける幸運が訪れることを祈りたいと思う。

● 著者紹介

安藤　幸司（あんどう　こうし）

1956年　愛知県生まれ
1974年　愛知県立岡崎高校卒業
1978年　名古屋工業大学工学部機械工学科卒業
1978年　株式会社ナック入社
　　　　高速度カメラを中心とする
　　　　画像計測に従事
2000年　株式会社日本ローパー
　　　　モーションイメージング事業部入社
2001年　アンフィ有限会社設立
　　　　画像計測システム設計、
　　　　コンサルタントに従事

光と光の記録
[光編その2]―光の属性・干渉・回折

2007年6月6日　初版発行

著者　　安藤幸司
発行人　分部康平
発行所　産業開発機構株式会社
　　　　映像情報インダストリアル編集部
　　　　〒101-0024
　　　　東京都千代田区神田和泉町1-8-11
　　　　サン・センタービル3F
　　　　TEL.03-3861-7051　FAX.03-5687-7744
印刷　　三報社印刷（株）

落丁・乱丁本は、送料小社負担にてお取り替えいたします。
定価はカバーに記載されております。
本書の一部または全部を著作権法の定める範囲を超え、無断で複写、転写、テープ化、ファイル化することを禁じます。

本書の内容に関するご質問は、ご面倒でも小社映像情報インダストリアル編集部までご連絡下さいますようお願いいたします。

ISBN978-4-86028-091-8